**10분 만에
집 분위기
바꾸는**

인테리어 소품 만들기

마쓰모토 에리 감수 | 전지혜 옮김

현관 거울에서 테이블까지
소품도 내가 직접 만들면 작품!

끌리는 스타일

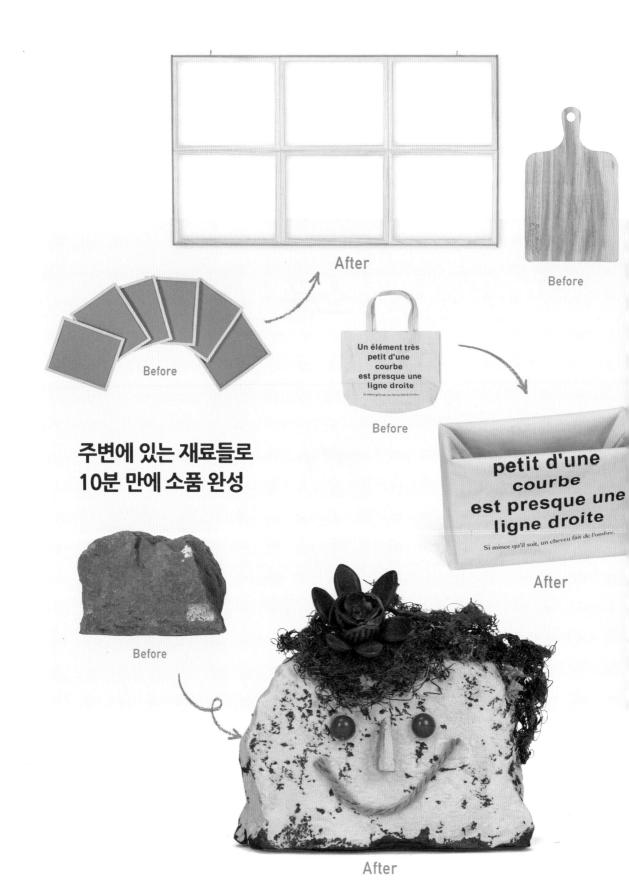

After

Before

Before

주변에 있는 재료들로
10분 만에 소품 완성

Un élément très
petit d'une
courbe
est presque une
ligne droite

Si mince qu'il soit, un cheveu fait de l'ombre.

Before

petit d'une
courbe
est presque une
ligne droite

Si mince qu'il soit, un cheveu fait de l'ombre.

After

Before

After

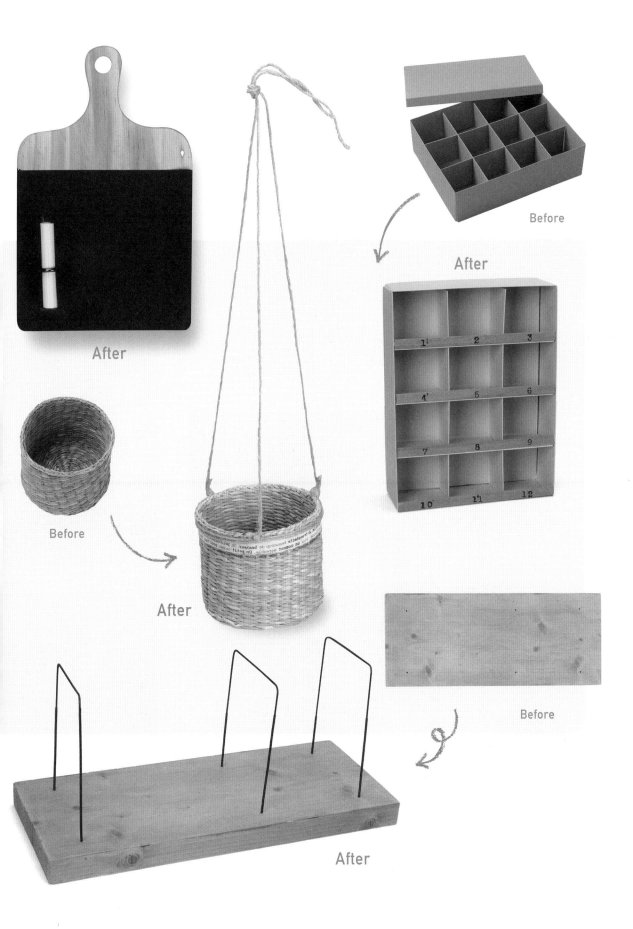

After

Before

After

Before

After

Before

After

들어가기에 앞서

여러분, 안녕하세요.

만들기를 좋아하는 '에리스케' 마쓰모토 에리입니다.

저는 어릴 때부터 공예 시간을 제일 좋아했습니다. 어른이 되고 나서 DIY에 더욱 빠지게 되어, 지금 제가 사는 집을 직접 짓기도 했습니다.

이 책을 통해 가성비를 갖춘 '저렴한 가격'으로, 그리고 '10분'이라는 짧은 시간 안에 만들 수 있는 아이템을 소개하고자 합니다. 특별한 도구 없이도 만들 수 있는 것들입니다.

재료는 DIY 전문점이나 인터넷 쇼핑몰 등에서 쉽게 구할 수 있는 것으로만 구성했으니, 가벼운 마음으로 도전해볼까요?

마쓰모토 에리

어린 시절 공예 관련 방송을 보고 만들기에 매료되었다. 1999년에 '스픈크'라는 홈페이지를 개설한 이후, 사이트를 운영하면서 DIY에 관한 상품 기획 및 칼럼 집필을 꾸준히 하고 있다.

갖고 싶은 소품을 내 손으로 직접 만들 수 있습니다.

큰 돈을 들이거나 많은 시간을 할애하지 않아도 됩니다.

직접 만든 소품이라 어설프긴 하지만, 그런 점 때문에 더 애정이 가기도 합니다.

또 직접 만든 소품에 둘러싸여 있다 보면, 아이디어가 더 잘 떠오르기도 하니 참 신기한 일이죠.

매일 반복되는 일상에서 시간을 내서 직접 무언가를 만드는 일은 아주 즐거운 경험입니다.

우선 책을 펼쳐 마음에 드는 것 하나를 골라 직접 만들어보세요.

이 책이 여러분에게 DIY를 시작할 수 있는 계기가 되기를 바랍니다.

마쓰모토 씨가 직접 건축한 따뜻한 분위기의 자택

10분 만에 집 분위기 바꾸는
인테리어 소품 만들기

CONTENTS

이 책에서 사용하는

이것만 있으면 할 수 있다!
DIY 기본 도구 20

이 책에서 소개할 DIY에 필요한 주요 도구를 소개합니다.
모두 집에 있는 물건이거나 온·오프라인 DIY 전문점 등에서
쉽게 살 수 있는 것들로 구성했습니다.
또한 사용법도 간단하고 편리한 도구들입니다.
자르고, 붙이고, 길이를 재는 등 다양한 곳에 사용하는 도구 이름을
익히면서 DIY를 즐겨볼까요?

공구

(자르기)

커터
직선으로 자를 때 가장 적
합합니다. 그 외에도 목재
에 낡아 보이는 효과를 위
해 흠집을 낼 때 등 다양
한 용도로 사용할 수
있습니다.

가위
종이나 테이프 등 부드러
운 소재를 자를 때, 사용합
니다.

글루건
고형 수지를 열로 녹여 물건을 고정하는 도구입니다. 식으면
바로 접착되어 편리합니다. 다이소나 화방에서도 구매할 수
있습니다.

(고정하기)

(붙이기)

마스킹테이프
작은 나사를 임시로 고정
하거나 페인트를 깔끔하
게 칠할 수 있도록 도와줍
니다. 쉽게 떼어낼 수 있
어서 작업 표시용으로 적
당합니다.

강력 접착 양면테이프
못이나 나사 없이도 물건끼리
접착할 때 사용할 수 있습니다.

(갈아내기)

수동 샌더(사포)
사포는 목재 표면을 갈아내어 매끈하게 만들어줍니다. 손잡이가 달린 수동 샌더는 DIY 전문점이나 다이소에서도 구입할 수 있습니다. 손잡이가 있어서 간편하게 넓은 부위를 매끄럽게 할 수 있습니다.

(자르기, 집기)

롱노우즈 펜치
으로 일반 펜치와 똑같이
사를 자르거나 물건을
을 때 사용합니다. 끝부
이 뾰족하기 때문에, 섬
한 작업을 할 때는 일반
치보다 롱노우즈 펜치가
당합니다. 라디오 펜치
고도 불립니다.

펜치
철사를 자르거나 물건을
집을 때 사용합니다.

(박기)

망치
못 박기는 물론이고 목재
를 두드려 낡아 보이게 연
출할 때도 사용합니다.

(재기)

자
치수를 재는 것은 물론이
고, 커터로 곧게 자를 때 사
용하면 편리합니다. DIY의
필수품입니다.

(조이기)

드라이버
나사를 조일 때 사용합니
다. 시계 방향으로 돌리면
나사가 잠기고, 반대 방향
으로 돌리면 풀어진다는
점만 익혀두면 손쉽게 사
용할 수 있습니다.

공구

(칠하기)

붓

페인트 등을 칠할 때 사용합니다. 특히 붓은 칠하는 방법에 따라 소품 분위기를 확 바꿀 수 있습니다.

페인트 롤러

평평하고 넓은 범위를 칠할 때는 붓보다 롤러가 적합합니다. 롤러를 미는 것만으로 손쉽게 칠할 수 있어 편리합니다.

접착제

데쿠파주 글루

데쿠파주(콜라주) 작업에 사용하는 액상 풀입니다. 종이나 목재, 금속 등 다양한 재질에 사용할 수 있으며, 붓을 이용하면 바르기 편합니다. 그외 바인더나 마드파지 등도 데쿠파주 용도의 접착제로 많이 사용됩니다.

프라이머

표면을 얇게 코팅할 수 있는 스프레이형 접착제입니다. 페인트를 바르기 전에 뿌리면, 페인트가 잘 발립니다. 플라스틱용, 알루미늄용, 목재용이 있습니다. 녹 방지용으로도 사용합니다.

도료

용도에 맞게
사용하면 즐겁게
페인트 작업을 할
수 있어요.

칠판 스프레이

목재에 뿌려 말리기만 하면 칠판이 됩니다. 목재에 분필로 그림 그리거나 글씨를 쓸 수 있는 놀라운 제품입니다.

아크릴 스프레이

스프레이 타입이어서 뿌리기만 하면 플라스틱이나 볼펜, 컵, 조명 기구, 간판 등 어떤 물건도 코팅할 수 있습니다.

붓 장착형 니스와 수성페인트

도장용 제품으로, 뚜껑 안쪽에 붓이 달린 제품을 구매하면 손쉽게 칠할 수 있습니다.

오일

기름 형태를 띤 목재 도장용 제품입니다. 식물성 기름을 주원료로 만든 도료로, 목재 내부에 스며들어 막을 형성해 목재 본연의 아름다움을 표현해줍니다. 일반 스테인보다 코팅 효과가 있습니다.

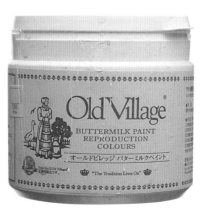

수성페인트

유성페인트보다 냄새가 적어 작업하기 좋으며, 가격도 저렴하고 구하기 쉽습니다.

자세한 사용법은 p.80를 확인해주세요.

10분 만에 집 분위기 바꾸는

인테리어 # 소품 만들기

그럼 바로 저렴한 가격으로 10분 만에 만들 수 있는 인테리어 소품 만들기, 시작해볼까요?
단 10분 만에 집안 분위기를 확 바꿀 수 있습니다.
나만의 새로운 공간을 즐겁게 만들어보세요.

10분 DIY의
(기분 좋은 3가지 장점)

테이블 같은 대형 가구도
3만 원 이하

기본
1만 원 이하

1 저렴해요!

PETITE PRICE

저렴하면서도 내 취향에 맞게 만들
수 있습니다. 이것이 바로 DIY의
기본이죠. 온·오프라인 DIY 전문
점이나 다이소에서 살 수 있는 값
싼 재료로도 근사한 아이템을 만들
수 있습니다.

꽂아 넣거나

붙이거나

2 간단해요!

EASY

DIY는 왠지 어려울 것 같다고요? 그런 선입
견은 버려도 됩니다. 누구든 간단하게 만들
수 있습니다. 쉽게 할 수 있는 작업만 제시할
예정이니, 함께 만들어볼까요?

어려운 작업은
아예 없어요!

모두
10분 이내

3 빨라요!

FAST

어떤 일이든 시간이 너무 걸리면, 도중에
질려서 그만두게 됩니다. 그렇지만 10분
DIY라면 마음 편하게 시도할 수 있습니
다. 이 책에서 소개할 아이템은 모두 제작
시간이 10분 내외! 바쁜 일상 속에서 잠
시 시간을 내어 만들 수 있으니, 꼭 도전해
보세요!

※ 가격과 시간은 어디까
지나 평균 수치입니다. 가
격은 지역이나 판매 매장
마다 다를 수 있습니다. 또
한 제시한 시간도 평균 제
작 시간입니다. 익숙해지
면 이 정도의 시간 내에 만
들 수 있다는 것이니, 이 점
참고해주시기 바랍니다.

petit d'une
courbe
est presque une
ligne droite

Si mince qu'il soit, un cheveu fait de l'ombre.

PART **1**

외출과 귀가를 설레게 하는

현관

P.28 웰컴 표지판

P.16 현관 거울

P.22 실내화 정리함

petit d'une
courbe
est presque une
ligne droite

외출 전 옷차림을 점검하고,
액세서리나 모자를 센스 있게 걸 수 있는 현관.
그런 근사한 공간을 만들어보세요.

P.26 스마일 도어 스토퍼

P.20 고리 사다리

P.24 어디든 걸 수 있는 소품 걸이

P.18 사과상자 리폼 신발장

Door

붙이면 바로 완성되는
현관 거울

현관문에 거울을 붙이는 것만으로 외출 전 옷차림을 점검할 수 있습니다.

Before → After

[준비물]

도구

양면테이프

인조식물

마스킹테이프로 만든
원형 스티커

원형 거울

(Working Process)

1 거울 붙일 위치를 정한다.

거울 붙일 위치는 현관문 앞에 섰을 때, 자기 얼굴이 정면에 보이는 위치로 정하면 편합니다.

2 마스킹테이프로 만든 원형 스티커를 붙인다.

거울 붙일 위치에 마스킹테이프로 만든 원형 스티커를 붙입니다(붙이는 방법은 P.41에서 확인하세요). 마스킹테이프라서 떼어낼 때 자국이 남지 않습니다.

3 거울 뒷면 위아래에 양면테이프를 붙인다.

원형 거울의 뒷면 위아래 두 곳에 양면테이프를 붙입니다.

4 스티커 위에 거울을 붙인다.

2의 원형 스티커 위에 양면테이프로 거울을 붙입니다. 이때, 거울을 스티커 한가운데 놓이도록 신경써서 붙입니다.

5 거울 주변을 인조식물로 장식한다.

거울 주변을 인조식물로 장식합니다. 이 작업 하나로 분위기가 확 달라집니다.

여기까지 약 **8**분 소요

6 인조식물을 테이프로 고정한다.

인조식물 잎에 가려져 보이지 않는 줄기 부분을 테이프로 고정하여 마무리합니다.

Item No. 001

못 없이 만드는
사과상자 리폼 신발장

사과상자에 나무판을 덧대어 만드는 신발장.
못이나 나사를 박지 않고도 손쉽게 만들 수 있습니다.

62cm

30cm

[준비물]

도구

커터

사과상자*

칠판 시트지**

- 과일가게나 인터넷을 통해 구매 가능.
-- 뒷면이 접착면으로 되어 있으며, 화이트보드용 펜으로 메모도 할 수 있습니다.

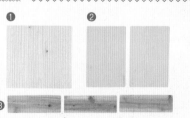

❶ 가로 28cm × 세로 29cm의 목재(MDF) 1장
❷ 가로 18cm × 세로 28cm의 목재(종류 무관) 2장
❸ 가로 28cm × 세로 9cm의 목재(종류 무관) 3장 ***

*** 나무판의 각 치수는 사과상자 크기에 맞춥니다.

Question

**사과상자는
어디서 구하나요?**

예전에는 과일가게에서
사과상자를 공짜로 얻을
수도 있었지만 요즘은 ㄴ
무상자가 드뭅니다. 인
테리어 소품으로 만들어
진 것은 비싸기도 하고
요. 비슷한 크기의 나무
상자를 이용하는 것도 좋
습니다.

(Working Process)

본체

1 사과상자 안쪽에 나무판을 세운다.
상자 양끝에 ②번 나무판을 세웁니다. 이 나무판의 높이가 신발장 하단의 높이가 됩니다.

2 나무판으로 위아래 칸을 나눈다.
②번 나무판 위에 ③번 나무판을 올립니다. 안쪽부터 순서대로 나무판 3개를 빈틈없이 끼워 넣으면 쉽게 어긋나지 않습니다.

상판

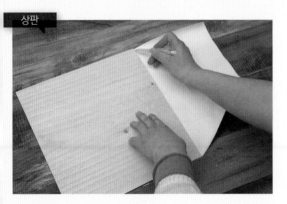

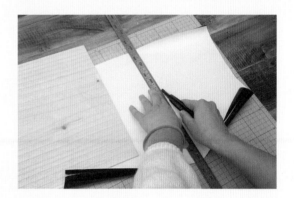

3 칠판 시트지에 선을 긋는다.
사과상자의 상판과 같은 크기의 ①번 나무 상판을 칠판 시트지 위에 올립니다. 나무 상판보다 큰 부분은 연필이나 샤프펜슬로 선을 그어 표시해줍니다.

4 칠판 시트지를 자른다.
3에서 그은 선에 맞춰 커터로 시트지를 천천히 자릅니다. 이때, 칠판 시트지가 찢어지지 않도록 주의해서 잘라줍니다.

여기까지 약 **3**분 소요

5 칠판 시트지를 붙인다.
①번 나무 상판에 칠판 시트지를 붙입니다. 칠판 시트지의 접착 면과 ①번 나무 상판 모서리를 맞춘 후, 공기 방울이 들어가지 않도록 수건으로 문질러주면서 붙입니다.

6 칠판 시트지를 붙인 나무 상판을 얹는다.
마지막으로 칠판 시트지를 붙인 나무 상판을 얹으면 완성입니다. 이 나무판은, 사과상자 전면을 칠하거나 리폼을 할 때도 손쉽게 분리해서 작업할 수 있습니다.

Item No. 002

긴 나사를 끼우기만 해도 완성되는
고리 사다리

사다리에 스카프를 걸거나
고리를 사용하여 모자나 액세서리를 걸 수 있는 만능 사다리.
외출 전 옷차림 점검용으로도 안성맞춤입니다.

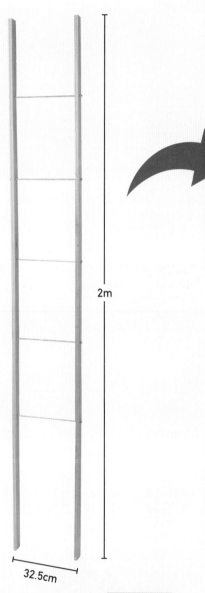

2m

32.5cm

[준비물]

가로 6cm × 세로 2m × 두께 2cm의 목재(인공 건조한 삼나무 목재).
• 위쪽부터 30cm 간격으로 지름 6mm의 구멍을 5개 뚫어서 준비한다.

28.5cm의 긴 나사 5개, 육각 너트 10개, 캡 너트 10개

One Point

**목재 가공은
판매점에 맡기세요**

목재를 살 때, 판매점에서
구멍을 뚫어서 받아오면
편리합니다. DIY 전문점의
재단 및 타공 서비스(유료)
를 활용하여, 제작 시간을
단축할 수 있습니다.

(Working Process)

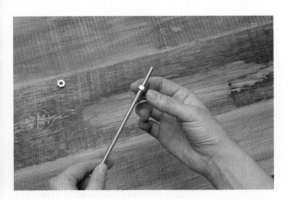

1 긴 나사에 육각 너트를 돌려 넣는다.

육각 너트 표면이 둥근 부분을 안쪽으로 하여 긴 나사 양끝으로 돌려 넣습니다. 너트는 긴 나사 끝에서 손가락 두 마디 정도 안쪽 위치까지 넣어줍니다. 긴 나사 5개 모두 같은 방식으로 처리합니다.

2 긴 나사를 목재 구멍에 끼워 넣는다.

목재에 뚫린 5개의 구멍에 긴 나사를 끼워 넣습니다. 너트가 목재에 닿을 때까지 잘 밀어 넣어줍니다.

3 남은 목재에도 긴 나사를 끼워 넣는다.

2와 같이 남은 목재 구멍에 긴 나사의 반대쪽 부분을 끼워 넣습니다. 5개의 구멍에 모두 끼워 넣습니다.

4 캡 너트를 단다.

목재 밖으로 튀어나온 5개의 긴 나사에 캡 너트를 답니다. 이때, 빠지지 않도록 꽉 조여줍니다.

5 목재 위치를 조정한다.

목재를 바깥쪽으로 움직여가면서 캡 너트 위치에 맞춰 조정합니다. 안쪽 육각 너트도 목재 위치에 맞춥니다.

여기까지
약 **8** 분
소요

6 반대쪽도 똑같이 조정한다.

반대쪽 목재와 육각 너트도 똑같이 캡 너트 위치에 맞춰서 미세하게 맞추면 완성!

Item No. 003

에코백으로 간단하게 리폼
실내화 정리함

가방 입구 부분을 접기만 해도 손쉽게 만들어지는 실내화 정리함입니다.
에코백 디자인에 따라 다양한 분위기를 연출할 수 있습니다.

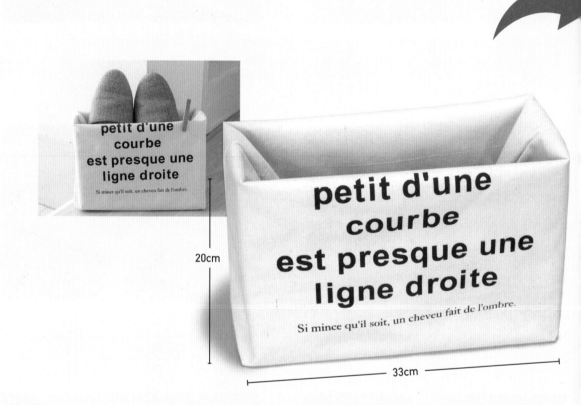

20cm

33cm

[준비물]

도구

우드락 *
- 쉽게 자를 수 있는
  발포 우드락.

커터

에코백
(크기와 디자인은
자유롭게 선택)

One Point

**가방을 세워서
수납함 만들기**

천으로 된 에코백만으로
는 세워지지 않지만, 우
드락을 넣으면 세울 수
있는 토트백 수납함을
만들 수 있습니다.

(Working Process)

1 우드락에 선을 긋는다.
앞뒤, 양옆, 바닥면으로 쓸 우드락을 자르기 위해 선을 긋습니다. (앞뒤용 20cm × 33cm, 양옆용 20cm × 10cm, 바닥용 10cm × 33cm) * 우드락의 크기는 사용하는 토드백 크기에 따라 달라집니다.

2 우드락을 자른다.
선을 따라 우드락을 커터로 잘라줍니다. 자를 대고 반듯하게 자릅니다.

3 우드락을 토트백 안에 넣는다.
토트백을 벌려서 앞뒤와 양옆, 네 면에 미리 잘라둔 우드락을 넣습니다.

4 가방의 윗부분을 안으로 넣어준다.
가방 손잡이 부분을 안으로 밀어넣습니다.

여기까지
약 **3** 분
소요

5 우드락을 바닥에 넣는다.
마지막으로 남은 바닥용 우드락을 가방 바닥에 넣어줍니다.
이렇게 해서 실내화 정리함이 완성되었습니다.

Item No. 004

영자 신문이 근사한 소품으로 변신

어디든 걸 수 있는 소품 고리

아담한 크기라 옮기기 편해서,
끈을 걸 수 있는 곳이라면 어디든 설치할 수 있습니다.
모자나 액세서리 등을 걸어보는 건 어떨까요?

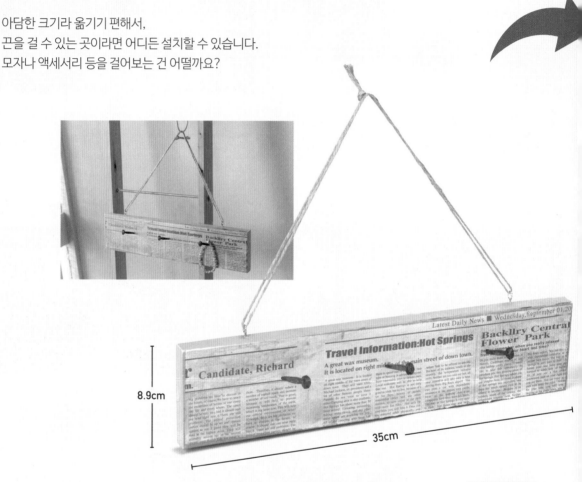

8.9cm

35cm

[준비물]

도구

데쿠파주 글루

오일

망치

영자 신문

가로 35cm × 세로 8.9cm 목재(SPF) 1장

못 3개

마 끈

아이볼트 2개

(Working Process)

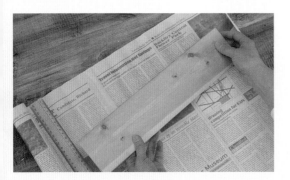

1 영자 신문 디자인을 고른다.
신문 중에서 어떤 부분을 나무판에 붙일지 고릅니다. 헤드라인이 큰 부분을 선택하면, 글씨가 눈에 띄어 근사한 소품으로 연출할 수 있습니다. 어떤 부분을 붙일지 정했다면, 나무판을 대고 신문지에 선을 긋습니다.

2 영자 신문지를 잘라낸다.
선을 따라 자를 대고 천천히 양손을 이용하여 자릅니다. 힘을 과도하게 주면 신문지가 찢어질 수도 있으니 주의합니다.

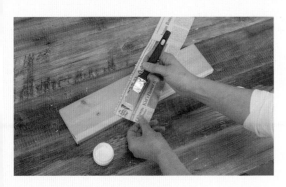

3 데쿠파주 글루를 신문지에 바른다.
신문지 뒷면에 붓으로 데쿠파주 글루를 바릅니다. 신문지 전체에 다 바른 후, 나무판에 붙이고 그 위에 데쿠파주 글루를 다시 발라 코팅해줍니다.

4 나무판에 못을 박는다.
못을 박을 자리를 10cm 간격으로 표시한 후, 못을 박아줍니다. 망치를 사용할 때는 못의 뿌리 부분을 손으로 지지하면 박기 쉽습니다.

여기까지
약 **8** 분
소요

5 오일을 바른다.
낡은 신문처럼 연출하기 위해 오일이나 스테인을 바릅니다. 붓끝이 살짝 닿을 정도만 묻혀서 얇게 바르는 게 좋습니다. 드문드문 발라주면 더 근사한 분위기를 연출할 수 있습니다.

6 아이볼트를 달아서 마 끈을 통과시킨다.
나무판 상단 양끝에서 6cm 정도 떨어진 부분에 아이볼트를 달아줍니다. 아이볼트는 끝이 나사로 되어 있으니 조여서 달아주고, 고리에 마 끈을 통과시킵니다.

Item No. 005

벽돌 조각을 귀엽게 리폼

스마일 도어 스토퍼

벽돌 조각도 멋진 소품으로 변신할 수 있습니다.
방긋 미소를 띤 도어 스토퍼의 모습을 보는 순간 저절로 기분이 좋아집니다.

11cm

14cm

[준비물]

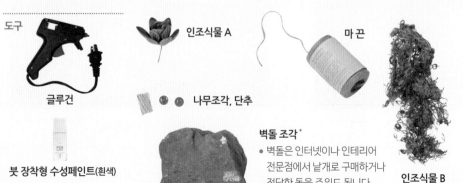

도구

글루건

붓 장착형 수성페인트(흰색)

인조식물 A

나무조각, 단추

벽돌 조각*
● 벽돌은 인터넷이나 인테리어
전문점에서 낱개로 구매하거나
적당한 돌을 주워도 됩니다.

마 끈

인조식물 B

Arrange Point

**눈, 코, 입 배치에 따라
표정도 자유자재로 변신**

끈의 각도를 바꾸는 것만
으로 웃는 얼굴, 화난 얼굴
등 자유롭게 표정을 만들
수 있습니다. 깔끔하게 떼
어낼 수 있어서 기분에 따
라 재미있게 표정을 바꿀
수 있습니다.

(Working Process)

1 벽돌 조각에 페인트를 칠한다.

붓에 페인트를 듬뿍 묻혀서 벽돌 조각에 칠합니다. 벽돌의 울퉁불퉁한 부분까지 꼼꼼히 칠하지 않고, 벽돌 색이 조금씩 보이게 하면 멋스럽게 연출할 수 있습니다.

2 머리카락 부분의 위치를 잘 잡아준다.

인조식물 B를 벽돌 조각 위에 얹습니다. 인조식물 B가 머리카락 부분이 되므로, 원하는 스타일이 되도록 손끝으로 자리를 잘 잡아줍니다.

3 벽돌 조각에 글루건을 쏴준다.

인조식물 B를 일단 떼어놓고, 글루건을 쏴줍니다. 상단 전체에 쏘는 것이 아니라 적당히 몇 군데에 쏴주면 됩니다.

4 머리카락 부분을 마무리한다.

인조식물 B를 다시 얹어줍니다. 이때, 접착이 약하여 잘 떨어질 것 같은 부분을 다시 한 번 글루건으로 고정합니다.

5 눈, 코, 입을 붙인다.

글루건을 이용해 나무조각과 단추로 눈과 코를 만들어줍니다. 마 끈도 똑같이 글루건으로 붙여 입을 표현합니다. 입의 각도에 따라 표정이 변할 수 있으니 주의해서 붙입니다.

6 머리 장식을 붙인다.

인조식물 A를 머리 위에 붙여서 장식합니다. 글루건으로 고정하면 완성!

여기까지 약 **10** 분 소요

Item No. 006

잘라서 붙이는 것만으로 완성되는
웰컴 표지판

리폼 시트지와 마스킹테이프만 있으면
근사한 웰컴 표지판을 만들 수 있습니다.
이 아이템만으로 현관이 순식간에 화사해집니다.

[준비물]

What's reform Sheet

**손쉽고 간단하게
리폼이 가능해요.**

디자인이 근사한 리폼 시
트지를 붙이는 것만으로
방 분위기를 바꿀 수 있습
니다. 붙이기만 해도 완성
되므로, 누구나 쉽게 따라
할 수 있습니다.

도구

가위

리폼 시트지, 마스킹테이프

가로 35cm × 세로 10cm의 목재(종류 무관)

(Working Process)

1 리폼 시트지를 자른다.
리폼 시트지를 색 경계에 맞춰서 사각형으로 자
릅니다.

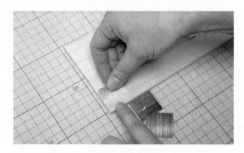

2 리폼 시트지를 붙인다.
잘라둔 리폼 시트지를 나무판에 붙입니다. 이
때 되도록 똑같은 색이 연속으로 오지 않도록 배치합
니다.

여기까지
약 **10**분
소요

3 알파벳 스티커를 붙인다.
마지막으로 알파벳 스티커를 붙이면 완성! 글씨
를 약간 불규칙하게 배치하면 더욱 멋스럽게 연출할 수
있습니다. 알파벳 스티커는 시중에서 판매하는 제품을
써도 좋고, 직접 만들 수도 있습니다(직접 만드는 방법은
P.40에서 확인하세요).

\ 마스킹테이프 활용법 /

다용도로 사용할 수 있는 마스킹테이프

DIY를 즐기는 사람들 사이에서 인기 있는 마스킹테이프.
디자인이 다양하고 사용하기도 아주 편합니다.

(마스킹테이프의
3가지 포인트)

POINT 1 자국이 남지 않는다

접착력이 강하지 않아 떼어냈을 때, 붙였던 곳에 자국이 남지 않습니다. 접착력이 강한 포장용 박스테이프나 스티커를 붙일 때, 마스킹테이프를 미리 아래에 붙여두면 자국이 남지 않게 사용할 수 있습니다.

작업 표시용으로
사용

탈부착이 쉬움

POINT 2 작업 표시 용도로 사용한다

본래 용도인 도료가 튀는 것을 방지하는 역할은 물론, 못이 어긋나지 않도록 도와주는 등 임시 부착용이나 작업 표시 용도로도 활용할 수 있습니다.

달걀 프라이 스티커도
내 손으로!

POINT 3 나만의 스티커를 만들 수 있다

마스킹테이프를 사용하여 나만의 스티커를 만들 수 있습니다. 만드는 방법도 간단하니 한 번 도전해보세요(만드는 방법은 P.40에서 확인하세요).

\ DIY를 즐기는 사람들에게 인기 급상승! /

'데코용 박스테이프' 활용법

물기에 강하고 탈부착이 편한 보양테이프가
디자인이 다양한 '데코용 박스테이프'로 탈바꿈하였습니다. 그 특징을 살펴볼까요?

(데코용 박스테이프의
3가지 포인트)

FEATURE 1
일반 보양테이프 대신에 데코용 박스테이프

녹색 보양테이프는 물기에 강하고 떼
어내기 쉽다는 특징이 있습니다. 그
특성 위에 디자인까지 입힌 것이 바로
'데코용 박스테이프'입니다.

'데코용 테이프'

붙이는 것만으로 완성!

다양한 무늬

근사한
영문 디자인

FEATURE 2
붙이기만 해도 소품을 근사하게!

디자인이 다양한 데코용 박스테이프는 붙이는 것
만으로도 소품의 분위기가 확 달라집니다. 손쉽
게 떼어낼 수 있어서 기분에 따라 다른 디자인으
로 바꾸기도 아주 편리합니다.

FEATURE 3
다양한 디자인

데코용 박스테이프는 지퍼나 벽돌 무늬 등 디자인 폭이
점점 넓어지고 있습니다.

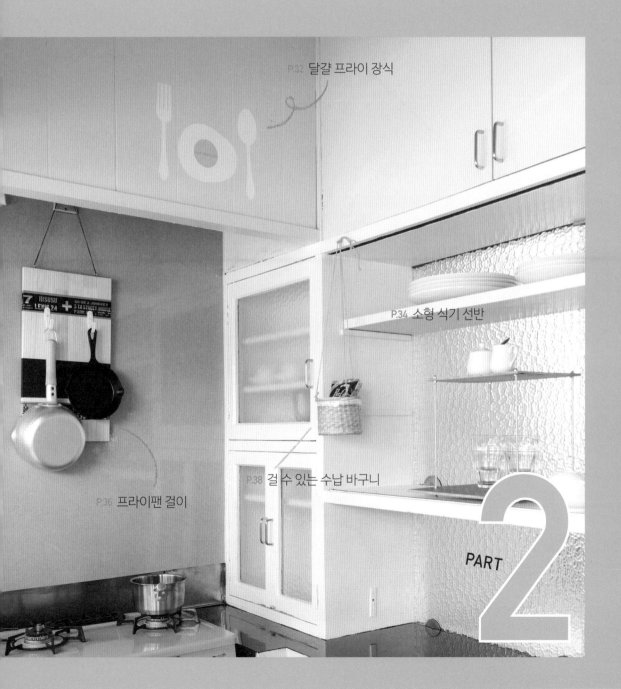

요리와 식사가 행복해지는

주방

주방은 주부에게 소중한 공간이죠.
나만의 수납공간으로 더욱 깔끔한 분위기를 만들어보세요.

P.32 달걀 프라이 장식

P.34 소형 식기 선반

P.36 프라이팬 걸이

P.38 걸 수 있는 수납 바구니

PART

2

스티커를 붙여 주방을 화사하게!
달걀 프라이 장식

깔끔한 하얀 벽도 좋지만, 포인트를 살짝 넣어서 분위기를 바꿔보면 어떨까요?
직접 만든 스티커가 주방 분위기를 더욱 밝게 합니다.

Before → After

[준비물]

달걀 프라이 디자인 스티커

(Working Process)

1 달걀 프라이 흰자를 붙인다.

만들어둔 달걀 프라이 흰자 부분 스티커를 벽에 붙입니다. 스티커를 벽면의 한가운데에서 약간 벗어난 곳에 붙이면 무심한 듯 더 분위기 있게 연출할 수 있습니다.

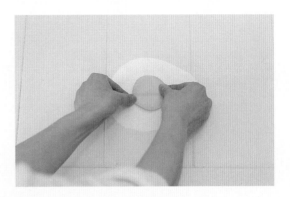

2 달걀 프라이 노른자를 붙인다.

흰자 부분 위에 노른자 부분을 붙이면 달걀 프라이가 완성됩니다.

여기까지 약 **3**분 소요

3 포크, 숟가락 세팅으로 완성!

달걀 프라이 양쪽에 포크와 숟가락 모양 스티커를 붙이면, 달걀 프라이 장식이 완성됩니다.

POINT

주방 DIY는 수납이 핵심입니다.

주부에게 소중한 주방 공간은 저마다 원하는 스타일이 다릅니다. DIY로 주방 분위기를 바꾸는 것도 좋지만, 주방 DIY에서 가장 필요한 것은 바로 수납공간입니다. 필요한 물건을 바로바로 꺼내어 사용할 수 있어야 이상적인 주방 아닐까요? 이 책에서는 세 군데에 수납공간을 만들 예정입니다. 수납공간을 만들어 주방을 사용하기 아주 편리한 공간으로 바꿔볼까요?

BEFORE

AFTER

Item No. 007

타공판에 긴 나사를 끼우기만 하면 완성되는
소형 식기 선반

타공판 2장을 사용하여 작은 선반을 만들 수 있습니다.
자주 쓰는 조미료 통을 올려놓기에 아주 좋습니다.

29cm

28.5cm

[준비물]

도구

마스킹테이프

28.5cm의 긴 나사 4개

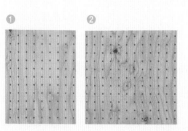

육각 너트 8개　　캡 너트 8개

❶ 가로 22cm × 세로 28.5cm의 타공판*
❷ 가로 28.5cm × 세로 28.5cm의 타공판*

* 타공판은 인터넷에서 다양한 재질과
사이즈로 판매됩니다.

**타공판 구멍을
유용하게
활용해봅시다.**

타공판 구멍에 긴 나사를
끼우는 것 외에도 고리를
걸어서 유용하게 사용해보
세요. 타공판에 나사를 끼
울 때에는 나사 두께와 타
공판의 두께를 맞추는 것
이 가장 중요합니다.

(Working Process)

1 긴 나사에 너트를 끼운다.
긴 나사 위아래에 육각 너트를 나사 끝부분에서 5cm 정도 떨어진 위치까지 돌려 넣습니다. 표면이 약간 둥근 부분을 안쪽으로 넣어줍니다. 남은 육각 너트 3개도 똑같이 답니다.

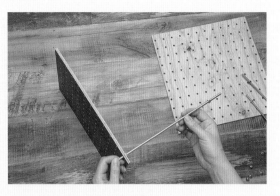

2 긴 나사를 타공판에 끼운다.
①번 타공판의 가장 끝 쪽 구멍에 긴 나사를 끼운 후 타공판 구멍에서 2cm 정도 뺍니다.

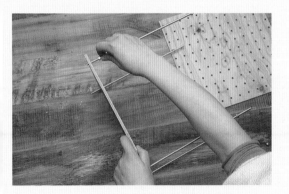

3 남은 3개의 긴 나사도 끼운다.
2와 같이 남은 3개의 긴 나사도 ①번 타공판의 구석 끝 쪽 구멍에 끼웁니다.

4 타공판 2장을 연결한다.
①번 타공판에 끼운 4개의 긴 나사를 ②번 타공판에도 끼워 연결합니다. ①번과 ②번 타공판은 사이즈가 다르니, 위치를 잘 확인하여 같은 위치에 끼웁니다.

5 바깥쪽으로 튀어나온 긴 나사의 길이를 맞춘다.
타공판 바깥쪽으로 튀어나온 모든 긴 나사의 끝을 마스킹테이프로 감아서 나무판이 그 위치에 올 때까지 안쪽 너트를 잠급니다. 마스킹테이프는 모두 같은 테이프로 감습니다.

여기까지 약 **8**분 소요

6 마스킹테이프를 떼어내고, 캡 너트로 잠근다.
긴 나사에 캡 너트를 씌운 후 잠급니다. 바닥 쪽은 눈에 잘 띄지 않으니 캡 너트를 달지 않아도 됩니다.

Item No. 008

데코용 박스테이프로 근사하게 꾸민
프라이팬 걸이

자주 사용하는 프라이팬이나 한손잡이 냄비 걸이 DIY!
데코용 박스테이프를 사용하면
근사하게 완성할 수 있습니다.

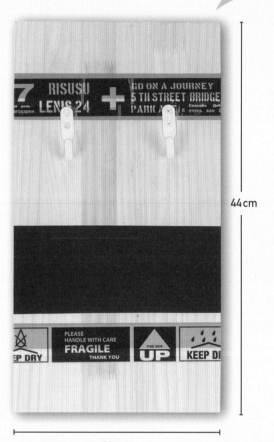

44cm

22cm

[준비물]

마스킹테이프

데코용 박스테이프

가로 44cm × 세로 22cm의 목재(소나무 집성목)

도구

커터

드라이버

고리 2개

아이볼트 2개

나사 4개

One Point

**크기에 따라
위치를 조정한다.**

프라이팬 크기는 다양합니다. 다음 쪽을 참고하여, 사용할 프라이팬 크기에 맞춰 테이프 위치를 조정해 보세요.

(Working Process)

1 마스킹테이프를 붙일 위치를 표시한다.

마스킹테이프를 붙일 위치를 구분할 수 있게 나무판 위쪽에서 6cm 떨어진 위치에 연필로 표시합니다. 아래쪽에도 똑같이 표시합니다.

2 마스킹테이프를 붙인다.

나무판 위쪽에 표시한 부분에 맞춰 마스킹테이프를 붙인 후, 아래로 연이어 몇 번을 더 붙입니다(취향에 따라 1~3번). 아래쪽도 표시한 부분에 맞춰 붙입니다. 나무판 밖으로 튀어나온 부분은 커터로 잘라줍니다.

3 데코용 박스테이프를 붙인다.

마스킹테이프를 붙인 상태에서 데코용 박스테이프를 붙입니다. 다양한 디자인이 있으니 본인 취향에 맞는 것으로 고릅니다. 이 책에서는 영문이 인쇄된 테이프를 사용했습니다.

4 프라이팬이 닿는 위치에 마스킹테이프를 붙인다.

기름으로 오염될 수 있는 부분에 검은 마스킹테이프를 붙여 눈에 잘 띄지 않도록 합니다. 실제로 걸어놓을 프라이팬을 나무판 위에 올려보고 바닥이 잘 닿는 부분에 맞춰 연달아 몇 번을 붙입니다.

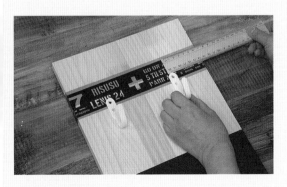

5 고리 위치를 표시한다.

고리를 달 위치를 표시합니다. 위치는 윗부분의 나무판 양끝에서 6cm 정도 떨어진 위치를 기준으로 하되, 실제로 걸어놓을 프라이팬을 올려놓고 위치를 조정합니다.

여기까지 약**8**분 소요

6 고리를 고정하여 아이볼트를 단다.

드라이버로 고리에 나사를 박습니다. 그리고 나무판 상단 양끝에서 4cm 떨어진 위치에 끝이 뾰족한 나사 형태의 아이볼트를 달아서 끈을 통과시킵니다.

Item No. 009

바구니에 끈을 달아주는 것만으로
완성되는 아이디어 소품
걸 수 있는 수납 바구니

조미료나 소품을 담아둘 수 있는 수납 바구니.
걸어놓을 수 있어서 공간을 차지하지 않습니다.

9.5cm

11cm

[준비물]

도구

가위

바구니*

● 무거운 바구니를 사용하면 끈이 무게를 견딜 수
없는 경우도 있으니 주의하세요.

데코테이프**

마스킹테이프

끈

●● 굵기가 다양한 데코테이프는 다이소나
문구점 등에서도 구매할 수 있습니다.

(Working Process)

1 바구니 테두리에 마스킹테이프와 데코테이프를 붙인다.

하얀 마스킹테이프를 바구니 테두리에 한 바퀴 둘러 붙이고, 그 위에 데코테이프를 붙입니다. 마스킹테이프로 바탕을 하얗게 만들어 데코테이프 글씨가 잘 보이게 해줍니다.

2 테두리에 끈을 붙인다.

데코테이프 위에 끈을 감습니다. 한 바퀴 두른 끈은 나중에 걸수 있는 길이가 되도록 약 50cm 정도 남긴 후 잘라줍니다.

3 끈 3개로 매듭을 3개 만든다.

2번 끈의 한쪽 끝을 매듭짓습니다. 같은 방법으로 남은 2개의 끈도 한 바퀴를 감은 후, 한쪽 끝을 매듭집니다. 3개의 매듭이 정삼각형이 되도록 위치를 조정합니다.

4 남는 끈을 자른다.

매듭지은 후, 매듭 끄트머리를 자릅니다. 같은 방법으로 나머지 매듭 2개의 끈도 정리합니다.

5 3개의 끈 길이를 조정한다.

3개의 끈을 바구니 위로 끌어올려 끈 길이를 맞춰 남는 부분을 자릅니다.

여기까지 약 **8** 분 소요

6 3개의 끈을 묶는다.

3개의 끈을 하나로 묶으면 완성! 수납할 물건에 맞춰 적당한 장소에 못을 박아 걸어놓으면 사용하기 편합니다.

\ 곡선이 많은 B 모양 스티커 만들기 도전! /

마스킹테이프로
나만의 스티커 만들기 ❶

마스킹테이프만 있으면 나만의 스티커를 직접 만들 수 있습니다.
먼저 기본적인 방법을 익혀볼까요?

[준비물]

좋아하는 알파벳 문자   종이테이프   커터

(Working Process)

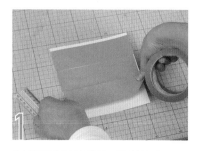

A4용지에 종이테이프를 붙인다.

알파벳 문자가 인쇄된 A4용지 뒷면에 종이테이프를 붙입니다. 뒷면에 알파벳이 보이지 않도록 연이어 몇 장을 붙입니다.

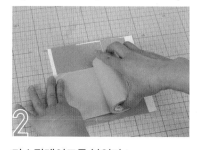

마스킹테이프를 붙인다.*

종이테이프 위에 마스킹테이프를 붙입니다. 종이테이프가 접착 면을 보호하는 역할을 합니다.

알파벳 문자를 자른다.

A4용지를 뒤집은 후, 알파벳 문자를 따라 커터로 자릅니다. 디자인용 커터 등을 사용하면 더욱 깔끔하게 자를 수 있습니다.

완성

잘라낸 부분을 제거한다.

잘라낸 부분을 깔끔히 제거하면 나만의 스티커가 완성! 다른 모양의 스티커 만들기에도 도전해보세요!

B 만들기에 성공했다면, 다른 디자인에도 도전!

● 종이테이프나 마스킹테이프를 함께 사용하지 않고, 시중에 많이 나와 있는 면적이 넓고 접착부분이 두껍거나 탄탄한 양면테이프를 사용해도 됩니다.

＼ 원형 스티커 만들기에 도전! ／
마스킹테이프로
나만의 스티커 만들기 ❷

나만의 스티커 만들기가 익숙해졌다면,
원형 커터를 이용해 원형 스티커를 만들어봅니다.

[마스킹테이프 이외에 필요한 준비물]

원형 커터*
● 원형으로 자를 수 있는
커터는 대형 문구점이나
인터넷 쇼핑몰 등에서
구매할 수 있습니다.

종이테이프

(Working Process)

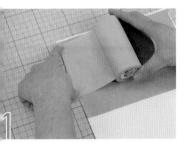

1 마스킹테이프를 붙인다.

A4용지에 종이테이프와 마스킹테이프를 붙
입니다. 기본적인 작업 순서는 앞쪽과 같습
니다.

2 원형 커터의 칼날을 꺼낸다.

원형 커터는 나사를 돌려 칼날의 길이를 조정
하는 방식이므로, 자르고 싶은 원의 크기에 맞
춰 칼날을 꺼냅니다.

3 칼날을 고정한다.

칼날을 꺼낸 후, 이번에는 반대 방향으로 조정
나사를 돌려 칼날을 고정합니다.

4 중앙에 있는 돌기를 누르며 돌린다.

중앙에 있는 돌기를 눌러주며 천천히 돌립니
다. 특별히 힘을 주지 않아도 동그랗게 구멍을
낼 수 있습니다.

완성

5 잘라낸 부분을 제거한다.

잘라낸 부분을 깔끔하게 떼어내면 나만의 스
티커가 완성! 이 책에서 소개한 아이템 제작에
도 포인트를 줄 때 사용했습니다.

P.48 플랩도어

P.46 철사 북 스탠드

P.52 프레임 파티션

P.50 간이 선반

수납공간과 식탁도 손쉽게 완성하는

다이닝룸

식사와 커피를 즐길 수 있는 다이닝룸에 딱 맞는
식탁, 선반, 북 스탠드 등을 소개합니다.
수납공간을 늘릴 수 있는 것 또한 DIY의 장점입니다.

P.44 얹기만 하면 완성되는 식탁

PART

3

Item No. 010

받침대 위에 나무판을 올리기만 해도 식탁으로 변신
얹기만 하면 완성되는 식탁

기다란 목재를 받침 위에 올리는 것만으로 간이 식탁이 완성됩니다.
이때 받침대의 높이에 따라 다른 분위기를 연출할 수 있습니다.

62cm

1m22cm

75cm

[준비물]

도구

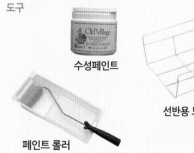

수성페인트

페인트 롤러

선반용 보조바구니

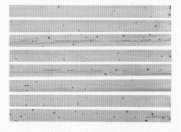

가로 9cm × 세로 122cm의 목재(화이트 우드) 8장

(Working Process)

상판

1 트레이에 페인트를 붓는다.

넓은 면적에 페인트를 바를 때는 페인트 롤러가 편리합니다. 페인트를 트레이에 부을 때, 알루미늄포일을 깔면 트레이를 씻어내는 수고를 덜어낼 수 있습니다.

2 페인트 롤러로 나무판에 페인트를 칠한다.

나무판을 나란히 놓고 트레이에 부은 페인트를 롤러로 듬뿍 묻혀 한번에 바릅니다. 롤러를 돌돌 밀어 페인트가 한곳에 뭉치지 않도록 합니다. 약 30분 정도 말려줍니다.

받침대

3 받침대를 준비한다.

이 책에서는 나무 받침대 두 개를 준비하여 사용했지만, 이런 받침대가 없다면 커다란 나무상자나 골판지상자 등을 이용해도 좋습니다.

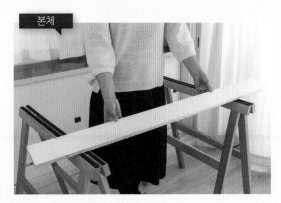

본체

4 받침대 간격을 조정한다.

받침대 간격이 너무 멀거나 가까우면 안정감이 떨어지므로, 나무판을 받침대 위에 올려서 균형감 있는 위치를 찾습니다.

여기까지 약 **5**분 소요

5 모든 나무판을 받침대 위에 올린다.

페인트가 마른 나무판을 모두 판 위에 올리면 완성! 나무판 끝을 일정하게 맞추지 않고 어긋나게 배치하면 개성 있는 식탁이 완성됩니다.

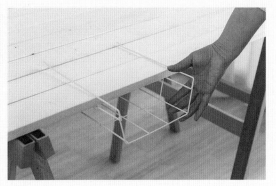

6 선반용 보조바구니를 단다.

식탁 본체는 5에서 완성되었지만, 선반용 보조바구니를 달아주면 더욱 편리하게 사용할 수 있습니다.

● 소요 시간에서 페인트 건조 시간은 제외하였습니다.

Item No. 011

철사를 꽂기만 해도 완성되는
철사 북 스탠드

철사는 가공하기 쉬운 소재입니다.
이번에는 철사를 이용한 책꽂이 만들기를 소개합니다.

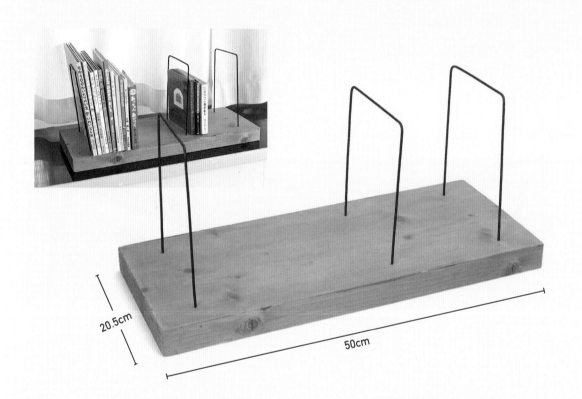

20.5cm

50cm

[준비물]

도구

롱노우즈 펜치

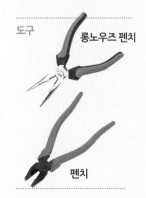

펜치

지름 3mm 정도의 철사 3개

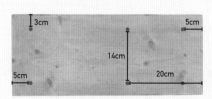

3cm

5cm

14cm

5cm

20cm

가로 50cm × 세로 20.5cm의 목재(종류 무관)

나무판은 구매할 때 그림과 같이 구멍(지름 3.2mm) 여섯 군데를 뚫어달라고 요청해보세요. 이때 나무판을 관통하지 않게 구멍을 내달라고 해야 합니다.

(Working Process)

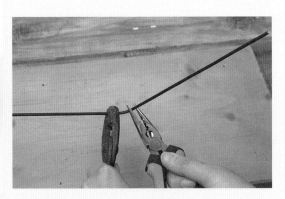

1 철사를 ㄷ자 모양으로 구부린다.
철사를 롱노우즈 펜치를 사용해 한가운데가 14cm가 되도록
'ㄷ자' 모양으로 구부려줍니다.

2 철사 양끝 길이를 맞춘다.
철사를 'ㄷ자'로 구부린 후, 양끝의 길이를 맞춰서 튀어나온
부분을 롱노우즈 펜치나 펜치로 잘라 철사 길이를 똑같이 맞춥니다.

3 'ㄷ자' 모양 철사를 3개 준비한다.
2에서 만든 'ㄷ자' 모양 철사와 똑같은 철사를 2개 더 준비합
니다.

4 구멍에 철사를 꽂아준다.
미리 뚫어놓은 구멍에 철사를 꽂습니다. 철사는 잘 벌어지므
로, 간격이 맞지 않을 때는 철사를 움직여 조정해야 합니다.

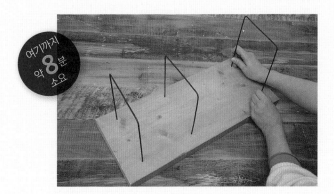

여기까지 약 **8**분 소요

5 철사 3개를 꽂기만 하면 완성
남은 철사 2개를 4와 같이 나무판 구멍에 꽂습니다. 이 철사
위치가 책꽂이 칸막이가 됩니다.

Item No. 012

마스킹테이프를 이용해 벽에 흠집이 생기지 않게 리폼
플랩도어

마스킹테이프를 능숙히 활용하면
벽에 흠집이 생기지 않게 간단히 리폼할 수 있습니다.
문이 없는 선반에 멋진 문을 달아봅시다.

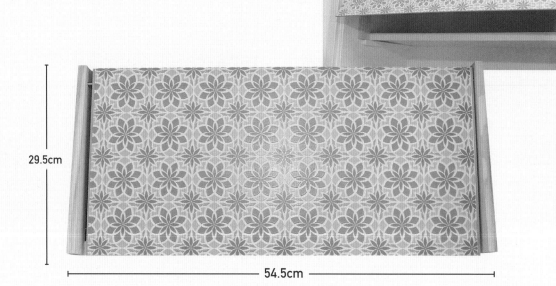

29.5cm

54.5cm

[준비물]

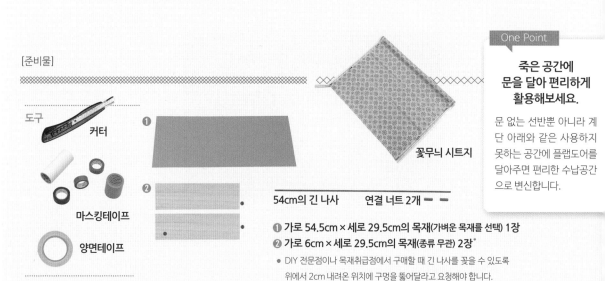

도구

커터

마스킹테이프

양면테이프

❶

❷

꽃무늬 시트지

54cm의 긴 나사   연결 너트 2개

❶ 가로 54.5cm × 세로 29.5cm의 목재(가벼운 목재를 선택) 1장
❷ 가로 6cm × 세로 29.5cm의 목재(종류 무관) 2장*

● DIY 전문점이나 목재취급점에서 구매할 때 긴 나사를 꽂을 수 있도록
  위에서 2cm 내려온 위치에 구멍을 뚫어달라고 요청해야 합니다.

One Point

**죽은 공간에
문을 달아 편리하게
활용해보세요.**

문 없는 선반뿐 아니라 계
단 아래와 같은 사용하지
못하는 공간에 플랩도어를
달아주면 편리한 수납공간
으로 변신합니다.

(Working Process)

1 마스킹테이프를 선반 안쪽에 붙인다.
선반 안쪽에 양면테이프를 바로 붙이면 자국이 생기므로, 마스킹테이프를 먼저 붙이고 남는 부분을 커터로 잘라줍니다. 이곳이 문의 좌우 양쪽에 작은 나무판(목재 ②)을 붙일 부분입니다.

2 양면테이프를 붙인다.
마스킹테이프 위에 양면테이프를 붙여 목재를 붙일 준비를 해둡니다. 반대쪽도 똑같이 붙입니다.

3 문을 꾸며준다.
정면이 될 문(목재 ①) 앞면은 그대로 붙여도 좋지만, 문양이나 색이 있는 시트지를 붙이면 더욱 화사합니다.

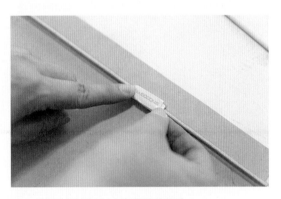

4 연결 너트를 긴 나사에 달아준다.
긴 나사 양끝에서 안쪽으로 6cm 들어온 위치까지 연결 너트를 넣어줍니다. 반대쪽도 똑같이 달아줍니다.

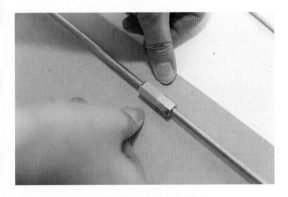

5 연결 너트를 양면테이프로 고정한다.
연결 너트에 양면테이프를 붙여 문(목재 ①) 뒤쪽에 고정합니다. 떨어지지 않도록 마스킹테이프를 그 위에 몇 번씩 붙입니다. 반대쪽도 똑같이 고정합니다.

여기까지 약 **6**분 소요

6 좌우 양쪽 나무판에 긴 나사를 꽂아 벽에 고정한다.
문의 좌우 양쪽 나무판(목재 ②) 구멍에 긴 나사를 꽂아 넣어줍니다. 이렇게 완성된 문틀을 선반 안쪽 양면테이프를 붙여둔 곳에 고정합니다.

Item No. 013

양면테이프만으로 만들 수 있는
간이 선반

벽과 벽 사이를 활용하면
못 없이도 손쉽게 선반을 만들 수 있습니다.
선반이 많으면 집 안 정돈이 쉬워집니다.

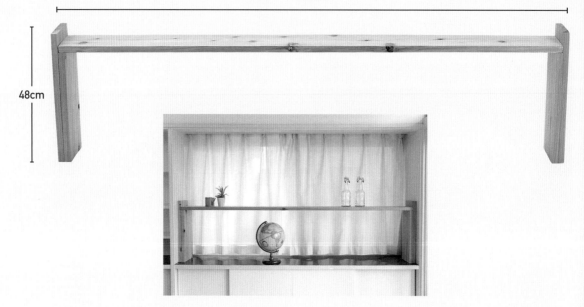

190cm

48cm

[준비물]

도구

수동 샌더(사포)

양면테이프

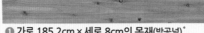

❶ 가로 185.2cm × 세로 8cm의 목재(박공널)*
(박공널이란, 지붕에 'ㅅ' 모양으로 부착하는 판을 지칭한다.)

❷ 가로 41cm × 세로 8cm의 목재(박공널) 2장

❸ 가로 48cm × 세로 8cm의 목재(박공널) 2장

● 원래는 365cm인 1장짜리 목재입니다. 목재를 같은 용도로 사용할 때는 따로따로 사는 것보다 긴 목재를 사서 원하는 크기로 재단해서 사용하는 것이 더 저렴할 수 있습니다.

방 치수를 미리 잰 후, 목재를 준비하세요.

선반을 놓을 벽과 벽 사이의 길이를 잰 후, 그 길이에서 양끝에 놓을 나무판 두께만큼을 뺀 길이의 나무판을 준비하면 됩니다.

(Working Process)

1 나무판 표면을 갈아준다.

가시 등에 찔리지 않도록 ③번 나무판 표면을 사포로 갈아 매끄럽게 만듭니다. 반대쪽 면은 벽에 붙일 부분이니 굳이 갈아내지 않아도 좋습니다.

2 옆면도 갈아준다.

선반 표면뿐만 아니라 옆면도 갈아줍니다. ①번 나무판과 ②번 나무판도 똑같이 갈아줍니다.

3 ③번 나무판을 세운다.

나무판이 무거우니 조립하기 전에 미리 연습해두면 좋습니다. ③번 나무판을 벽을 대신할 물건에 기대어 세웁니다.

4 나무판 2장으로 높낮이 차를 만든다.

②번과 ③번 나무판을 양면테이프로 붙입니다. 이때 양면테이프는 양끝에 2줄로 붙여 나무판을 접착합니다. 나무판 2장의 높낮이 차를 이용해 상판을 올릴 수 있게 됩니다.

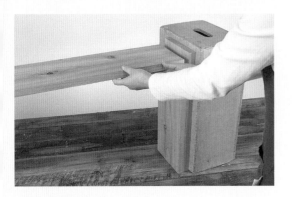

5 상판을 올린다.

②번 나무판 윗부분에 상판을 올립니다. 높낮이 차에 딱 맞게 끼워지도록 밀어 넣습니다.

여기까지
약 8분
소요

6 상판 위치를 조정한다.

마지막으로 어긋났거나 튀어나온 부분이 없는지 확인하여 손끝으로 미세하게 조정하면 완성! 선반을 놓으려는 벽 사이에 설치하면 됩니다.

EXTRA

액자를 연결하여 공간을 나눌 수 있는

프레임 파티션

액자를 이용해서 파티션을 만들 수 있습니다.
프레임을 세울 수 있는 받침대도
손쉽게 만들 수 있습니다.
센스 있는 파티션 하나로
별도의 독립 공간이 완성됩니다.

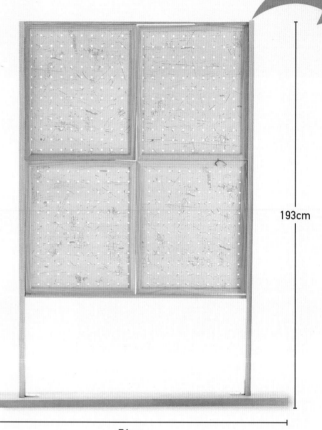

193cm

74cm

[준비물]

타공판 4장

도구

양면테이프

약 25.5cm × 30.5cm 크기의 액자 4개

ㄱ자 꺾쇠 2개

❶ 가로 3cm × 세로 90cm의 목재(SPF) 2장
❷ 가로 8.5cm × 세로 74cm의 목재(SPF) 2
❸ 가로 3cm × 세로 55cm의 목재(SPF) 2장

나사 8개

(Working Process)

1 액자 뒤판을 떼어낸다.
액자 뒤판을 떼어내 틀만 남깁니다. 나머지 액자 3개도 똑같이 떼어냅니다.

2 세로로 긴 프레임이 되도록 액자를 맞춘다.
뒤판을 떼어낸 액자 4개를 나열하여 세로가 긴 하나의 틀을 만듭니다.

3 액자를 양면테이프로 붙인다.
2의 모양이 되도록 액자를 양면테이프로 붙입니다. 여기에 액자 위아래 틀에 ③번 나무판을 붙입니다. 틀 양옆에는 ①번 나무판을 붙입니다.

4 받침대를 만들어 나사로 고정한다.
받침대가 될 ②번 나무판에 ①번 나무판을 세워 고정합니다. 먼저 양면테이프로 접착한 후, 안정감을 높이기 위해서 ㄱ자 꺾쇠를 나사로 고정합니다.

5 액자 프레임에 타공판을 넣는다.
액자에 원래 달려 있던 뒤판 보드 고정 돔보를 활용하여 타공판을 끼워줍니다. 타공판은 구매할 때, 액자 크기에 맞게 미리 재단 요청하면 만들기 편합니다.

여기까지 약 **15** 분 소요

6 돔보로 타공판을 모두 고정한다.
액자 틀에 타공판을 넣고 보드 고정 돔보로 고정합니다. 4개 모두 끼워 넣으면 파티션 완성!

\ 힌트는 생활 속에서! /

매일 DIY 하기 좋은 날

일상 속에서 DIY에 관한 아이디어가 속속 떠오릅니다.
그 순간을 놓치지 마세요.

MATSUMOTO ERI ESSAY

아기자기한 인테리어가 인상적인 카페에 가면,

'여기에 선반이 있으면 좋겠다',

'식탁 아래는 어떻게 되어 있을까?'와 같은 호기심이 생깁니다.

그런 생각이 들면, 다양한 시도를 하고 싶어집니다.

예를 들면 벽을 두드려서 기둥이 있는 곳을 찾거나,

어떤 물건에 몇 mm짜리 나사를 사용했는지 확인하게 됩니다.

이처럼 조금만 둘러봐도 자극을 받을 수 있는 장소가 곳곳에 많다는 것을

깨닫게 됩니다.

카페를 비롯해 여러 가게에서 독특하게 꾸미려고 연구한 흔적을 볼 수 있습니다.

그런 가게에 가면 '아, 나도 만들고 싶다',

'바로 따라 해볼 수 있겠다', '여기가 이렇게 되어 있구나' 등

다양한 힌트를 얻게 되고 나만의 DIY 아이디어가 저절로

떠오릅니다.

저는 이런 순간이 아주 즐겁습니다.

그러다 보면,

매일이 'DIY 하기 좋은 날'이 됩니다.

마스킹테이프만으로도 다양한 디자인의 스티커를
만들 수 있습니다.

DIY 아이디어의 원천

이 책에서 소개한 DIY 아이템을 만들 때도

여러분만의 새로운 아이디어를 보태면 어떨까요?

예를 들면 '이 재료가 없으니까, 대신에 이걸 써봐야지'처럼

자신만의 방식으로 제작법을 바꿔보는 것도 좋습니다.

물론 어떤 일이든 원래 방법대로 해보는 것은 좋은 일이죠.

'재료는 이거였고, 만드는 방법에 몇 cm라고 적혀 있었으니까 그것에 딱 맞게 만드는 것'도

중요하지만, 너무 세세한 것까지 신경 쓰지 않아도 괜찮습니다.

특별히 재료를 사지 않아도 '집에 있는 나무젓가락으로 만들어볼까?'와 같이

가벼운 마음으로 DIY를 해보면 됩니다.

어렵게 생각할 필요가 없습니다.

'내가 할 수 있는 범위 내에서 즐겁게' 해보는 것이 중요합니다.

그러면 '집에 있는 이걸로 무엇을 만들 수 있을까?'라는 고민조차

즐거움이 됩니다.

무슨 물건이든 아이디어에 따라 언제든 사용할 수 있다는 점만

잘 기억해두면 됩니다.

PART

4

보드는 물론 기둥까지 만들 수 있는

거실

아무것도 없는 공간에 보드는 물론
기둥까지 만들어 설치할 수 있다는 점이
DIY의 재미 중 하나입니다.

P.68 장식용 창문

고리 부착형 기둥

P.72 철망 잡지 정리함

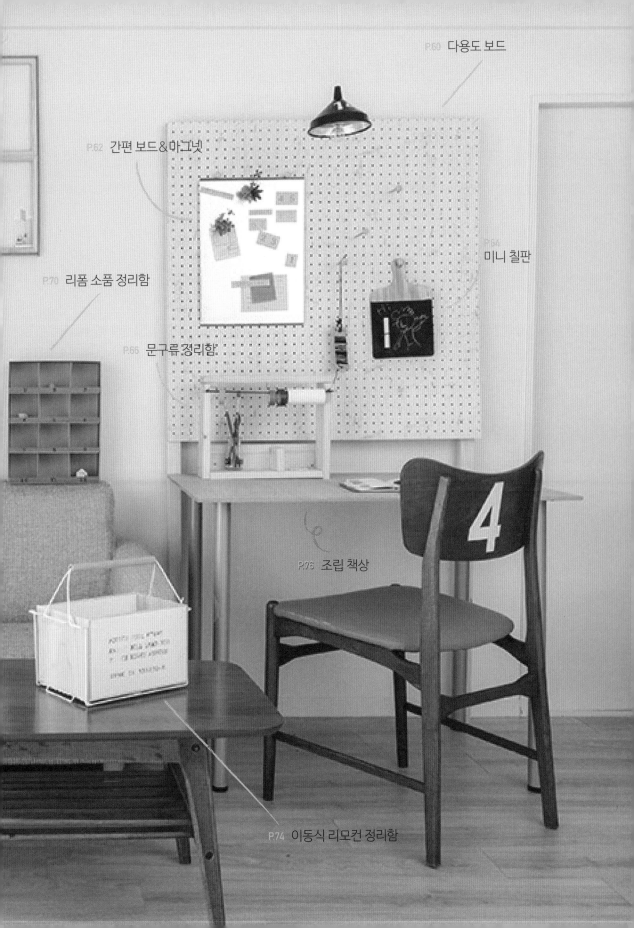

P.60 다용도 보드

P.62 간편 보드&마그넷

P.64 미니 칠판

P.70 리폼 소품 정리함

P.66 문구류 정리함

P.76 조립 책상

P.74 이동식 리모컨 정리함

Item No. 014

아무것도 없는 공간에 다용도 기둥 만들기

고리 부착형 기둥

길이 조절 장치를 이용해 바닥과 천장에 고정하는 것만으로
거실에 기둥 하나를 설치할 수 있습니다.
여기에 고리까지 부착하면 여러 물건을 걸어둘 수 있어 편리합니다.

235cm

8.9cm

[준비물]

도구

마스킹테이프

오일

드라이버

약 8.9cm × 225.5cm의 목재(2 × 4 사이즈)
(2 × 4 사이즈란 3.8cm × 8.9cm의 목재)

2 × 4 사이즈 목재의 길이 조정 장치
● 상부에 조정 나사가 있어, 나사를 죄어
천장에 고정할 수 있습니다.
2 × 4 사이즈 목재의 폭과 두께에 맞춰서
사용할 수 있습니다.

고리 21개

ㄱ자 선반대

**천장 높이보다
짧은 나무판으로
준비하세요.**

천장 높이에서 조정 장치
높이인 9.5cm를 뺀 길이
정도의 목재를 준비하세
요. 높이를 조정할 수 있는
조정 장치를 사용하여 바
닥과 천장 사이에 끼워주
기만 하면 됩니다.

(Working Process)

1 목재에 오일을 바른다.
붓으로 나무판 전체에 오일을 골고루 바릅니다. 나무 본연의 색을 살릴 수 있습니다. 오일 대신 유성스테인을 사용해도 좋습니다.

2 스며들지 않은 기름기를 닦아낸다.
15분 정도 말린 후, 나무에 스며들지 않은 기름기를 수건으로 닦아냅니다.

3 기둥 양끝에 길이 조정 장치를 단다.
목재코팅 작업이 끝나면, 기둥 위아래에 길이 조정 장치를 달아줍니다. 이때, 조정 나사가 달린 장치를 기둥 위쪽에 설치합니다.

4 조정 나사를 천장에 고정한다.
기둥을 세우고 싶은 곳에 설치합니다. 길이 조정 장치의 조정 나사를 돌려가며 천장에 딱 맞게 고정합니다.

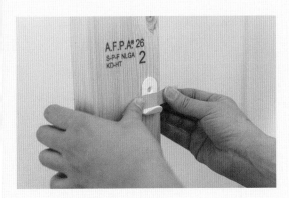

5 기둥에 고리를 단다.
기둥을 고정한 후, 마음에 드는 위치에 고리 2개를 답니다. 이때 마스킹테이프로 고리를 임시 고정한 후 드라이버로 나사를 박으면 간단합니다.

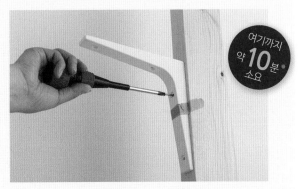

여기까지
약 **10** 분 소요

6 ㄱ자 선반대를 달아준다.
기둥 상부(손이 닿는 높이 정도)에 ㄱ자 선반대를 설치할 위치를 정한 후, 5와 같이 마스킹테이프로 임시 고정하여 나사로 고정합니다.
● 소요 시간에서 오일 건조 시간은 제외했습니다.

Item No. 015

여러 물건을 걸 수 있어 편리한 아이템
다용도 보드

커다란 타공판에 다리를 달아 벽에 세워서 사용합니다.
구멍에 여러 물건을 걸 수 있어서
거실에 두면 매우 편리합니다.

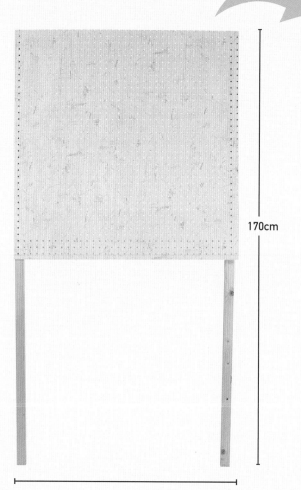

170cm

90cm

[준비물]

도구

양면테이프

붓 장착형 수성페인트
(아이보리)

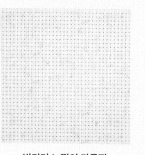

빈티지 느낌의 타공판

가로 4cm × 세로 170cm의 목재
(서까래) 2개

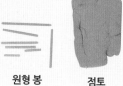

원형 봉 　　　　 점토

**구멍에 딱 맞는
원형 봉을 활용하세요.**

타공판의 구멍 크기는 타
공판마다 일정합니다. 구
멍에 맞는 원형 봉을 준비
하면 점토를 사용할 필요
가 없습니다.

(Working Process)

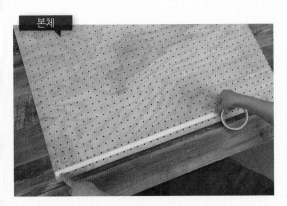

본체

1 타공판에 양면테이프를 붙인다.

다리가 될 목재를 타공판에 붙일 준비를 해줍니다. 먼저, 다리를 붙일 부분에 양면테이프를 붙입니다.

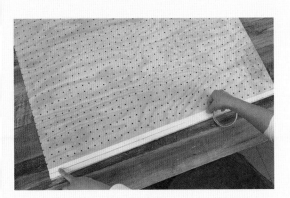

2 다리가 될 목재 폭만큼 빈틈없이 테이프를 붙인다.

타공판은 무거운 편이라 양면테이프 1장으로는 무게를 지탱하기 힘드니, 다리가 될 목재 폭(이 책에서는 4cm)만큼 빈틈없이 테이프를 붙여줍니다.

여기까지 약 **2**분 소요

3 타공판에 다리가 될 목재를 놓고 붙인다.

양면테이프를 붙인 부분 위에 다리가 될 목재를 올려놓고 붙입니다. 이때, 목재 위쪽 끝부분을 타공판 끝에 잘 맞춰서 붙입니다.

보드용핀

1 점토를 동그랗게 만든다.

점토를 조금 떼어내어 손바닥으로 동그랗게 만듭니다. 타공판 구멍에 끼울 핀의 머리로 쓸 것이므로, 원형 봉 개수만큼만 만듭니다.

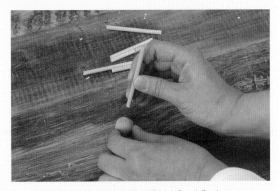

2 동그랗게 만든 점토에 원형 봉을 끼운다.

동그랗게 만든 점토에 원형 봉을 끼웁니다. 나머지 봉도 똑같이 끼웁니다.

여기까지 약 **8**분 소요

3 핀을 색칠한다.

점토와 원형 봉으로 만든 핀을 타공판과 같은 색(여기서는 아이보리) 페인트로 칠합니다. 이렇게 하면 핀이 눈에 띄지 않습니다.

Item No. 016

메모와 사진을 붙이기 편리한
간편 보드&마그넷

금속 보드와 자석만 있으면
메모판을 쉽게 만들 수 있습니다.
자석 테이프를 이용해서 멋진 자석도
함께 만들어보세요.

45cm

30cm

[준비물]

도구

마스킹테이프 붓 장착형 니스

양면테이프

드라이버

자석 테이프

OHP필름

**가로 30cm × 세로 45cm의 철판*
● DIY 전문점 등에서 구매할 수
있습니다.

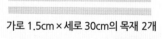

나사 2개

**가로 1.5cm × 세로 30cm의 목재 2개

나무조각

점토

자석(원형)

페트병 뚜껑

삼각고리

인조식물

(Working Process)

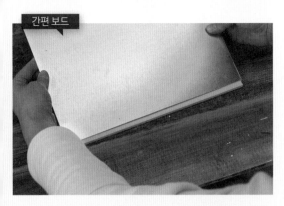

간편 보드

1 금속 보드(철판) 위아래에 나무판을 붙여 틀을 만든다.
구입한 철판은 그대로 사용해도 좋지만, 메탈릭 스프레이 은색을 뿌려도 멋스럽습니다. 철판 위아래 끝부분에 양면테이프로 나무판을 붙여 틀을 만듭니다.

2 나무틀에 니스로 색을 입힌다.
은색 보드와 어울리게 나무틀에 니스로 색을 입힙니다(여기서는 갈색 사용). 이때 은색 보드에 색이 묻어나지 않도록 마스킹테이프로 감싼 후 작업합니다.

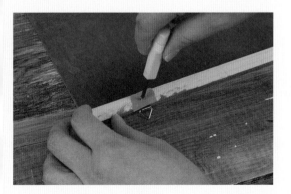

3 나무틀에 삼각고리를 단다.
위쪽 나무틀 양끝에서 3cm 정도 들어온 곳에 삼각고리를 답니다. 마스킹테이프로 임시 고정한 후, 나사를 달아줍니다.

마그넷

1 병뚜껑에 점토를 채운다.
페트병 뚜껑에 점토를 채우고, 그 위에 잘라둔 인조식물을 꽂아줍니다.

2 나무조각에 글씨를 전사한다.
OHP필름에 좌우 반전시킨 글씨를 인쇄하여 나무조각에 올려놓고 강하게 문질러서 글씨를 전사합니다(자세한 방법은 P.74에서 확인하세요).

두 가지 약 **8**분 소요

6 (보드와 마그넷을 다 만든 후) 1, 2 뒷면에 자석을 단다.
1에서 만든 소재 뒷면에 자석(원형)을 양면테이프로 붙입니다.
2에는 자석 테이프를 붙이면 완성!
● 소요 시간에서 니스 건조 시간은 제외했습니다.

Item No. 017

칠판용 스프레이를 뿌리기만 해도 완성되는
미니 칠판

도마에 칠판 스프레이를 뿌리면
작고 귀여운 칠판을 만들 수 있습니다.
그림을 그리면 인테리어 소품이 되기도 하고,
메모장으로 쓰기에도 편리합니다.

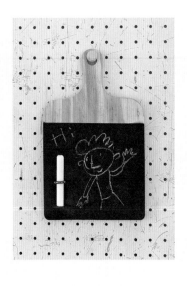

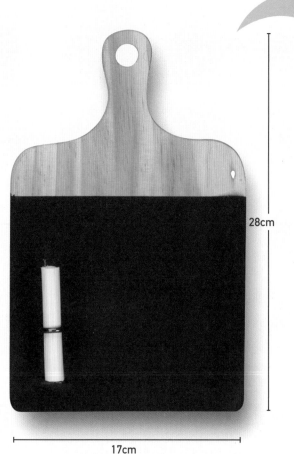

28cm

17cm

[준비물]

도구

마스킹테이프

드라이버

칠판용 스프레이

목재 도마(미니 도마)

아이볼트

나사 4개

꺾쇠

(Working Process)

1 도마에 마스킹테이프를 붙인다.
칠판용 스프레이는 넓은 범위로 분사되므로 도마 아래에 신문지를 깔고, 칠하고 싶지 않은 부분에는 마스킹테이프를 붙여 가립니다.

2 도마에 꺾쇠를 단다.
분필 받침대가 될 꺾쇠를 도마에 답니다. 꺾쇠를 나사로 고정하는데, 어디에 달아도 상관없지만 가급적 가장자리에 달면 좋습니다.

3 칠판용 스프레이를 뿌린다.
도마 전체에 칠판용 스프레이를 뿌린 후, 30분 정도 말립니다.

4 마스킹테이프를 벗긴다.
칠판용 스프레이가 완전히 마른 것을 확인한 후, 붙여두었던 마스킹테이프를 천천히 벗겨냅니다.

5 아이볼트를 단다.
2에서 달았던 꺾쇠 바로 위에 아이볼트를 답니다. 뾰족한 나사를 조여서 박습니다.

여기까지 약 **5**분 소요

6 아이볼트 구멍이 위를 향하게 한다.
아이볼트를 끝까지 돌린 후, 아이볼트 구멍이 위를 향하도록 조정합니다. 여기에 분필을 끼워 놓고 쓰면 편리합니다.
● 소요 시간에서 칠판용 스프레이 건조 시간은 제외했습니다.

Item No. 018

나무판 조립으로 완성되는
문구류 정리함

나무판을 조립하는 것만으로 근사한 문구류 정리함을 직접 만들 수 있습니다.
양면테이프로 나무판을 붙이기만 해도 됩니다.
문구류 이외의 물건을 수납하기에도 좋습니다.

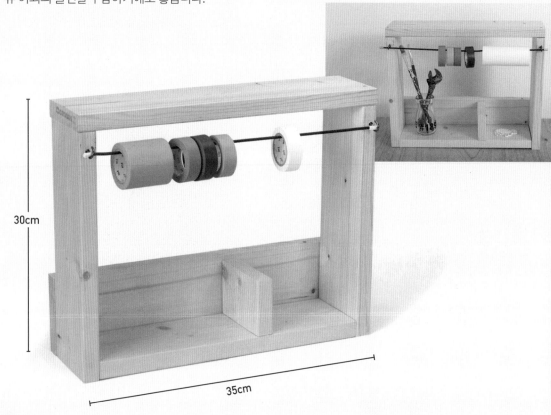

30cm

35cm

[준비물]

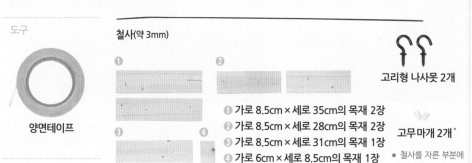

도구

양면테이프

철사(약 3mm)

❶
❷
❸
❹

❶ 가로 8.5cm × 세로 35cm의 목재 2장
❷ 가로 8.5cm × 세로 28cm의 목재 2장
❸ 가로 8.5cm × 세로 31cm의 목재 1장
❹ 가로 6cm × 세로 8.5cm의 목재 1장

고리형 나사못 2개

고무마개 2개
● 철사를 자른 부분에
끼우는 용도

(Working Process)

1 바닥판 양쪽 옆면에 양면테이프를 붙인다.

③번 나무판이 정리함의 바닥이 됩니다. 양쪽 옆면에 ②번 나무판을 붙이기 위해 바닥판 양쪽 옆면에 양면테이프를 붙입니다.

2 바닥판 양쪽 옆면에 옆면 나무판을 붙인다.

③번 나무판에 ②번 나무판 2장을 붙입니다. 잘 고정될 때까지 양손으로 꾹 눌러줍니다.

3 뒤판을 붙일 부분을 표시한다.

2와 같은 방법으로 ①번 나무판을 상판으로 붙인 후, 남은 ①번 나무판(뒤판용) 1개를 바닥판 끝에 맞춘 후, 뒤판을 붙일 부분을 표시합니다.

4 양면테이프로 뒤판을 붙인다.

②번 나무판에 표시한 부분까지 양면테이프를 붙여 뒤판을 붙입니다. 마지막으로 양면테이프를 붙인 부분을 눌러줍니다. 무거운 물건을 올려서 고정해주는 것도 좋습니다.

5 철사를 자르고 고무마개를 끼운다.

철사를 상판 길이와 같은 35cm로 잘라서 양쪽 끝에 고무마개를 답니다(고무마개를 구하지 못하면 철사 끝에 다치지 않게 테이프 등을 감아주어도 됩니다). 본체 양쪽과 위쪽에서 3cm 정도 떨어진 위치에 고리형 나사못을 달아줍니다.

여기까지 약 **8** 분 소요

6 철사를 고리형 나사못에 건다.

테이프 등을 걸 수 있도록 철사를 고리형 나사못에 얹습니다. 마지막에 ④번 나무판을 칸막이용으로 붙이면 완성!

Item No. 019

액자를 배열해 만드는
장식용 창문

싼값에 구매할 수 있는 액자를 서로 붙이기만 해도
장식용 창문을 만들 수 있습니다.
벽에 걸고 사진을 넣어 근사하게 연출할 수도 있습니다.

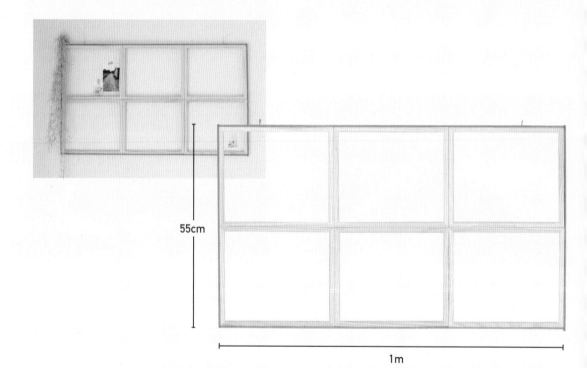

55cm

1m

[준비물]

도구

롱노우즈 펜치

양면테이프

약 25.5cm × 30.5cm 크기의 액자 6개

아이볼트 2개

가로 1cm × 세로 1m의 목재(나왕) 2개

가로 1cm × 세로 55cm의 목재(나왕) 2개

(Working Process)

본체

1 액자 뒤판을 뺀다.
준비한 액자 6개의 뒤판을 모두 빼서 테두리만 남깁니다.

2 액자 테두리를 양면테이프로 붙인다.
액자를 가로로 길게 세워서 양면테이프로 옆으로 3개를 이어 붙입니다. 나머지 3개도 똑같이 만든 후, 양면테이프로 3개씩 붙인 액자를 위아래로 붙여줍니다.

테두리 판

3 액자 둘레에 틀을 만든다.
6개를 붙인 액자 둘레에 양면테이프로 기다란 목재를 붙여 틀을 튼튼하게 만듭니다.

4 아이볼트를 달 위치를 결정한다.
창문 양끝에서 6cm 정도 떨어진 위치(아이볼트를 달 위치)에 연필로 표시를 합니다.

5 아이볼트를 단다.
표시해둔 곳에 아이볼트를 답니다. 손으로도 달 수 있지만, 롱노우즈 펜치를 이용하면 조금 더 손쉽게 달 수 있습니다.

여기까지 약 **10**분 소요

6 아이볼트 방향을 맞춘다.
아이볼트 구멍이 가로로 향하도록 롱노우즈 펜치로 돌려서 조정하면 완성!

Item No. 020

빈 상자를 살짝 손보면 실용적인 아이템으로 변신
리폼 소품 정리함

과자상자를 리폼하여 만든 아이템입니다.
칸막이가 있는 상자에 얇은 목재를 붙이면,
다양한 용도로 사용할 수 있습니다.

35cm

27cm

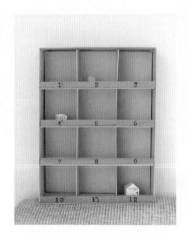

[준비물]

도구

커터

양면테이프

가로 27cm × 세로 35cm 칸막이 상자

● 목재 길이는 나무상자 가로 길이에 맞추면 되므로, 상자 크기는 상관없습니다!

가로 27cm × 세로 1cm의 목재 4개

(**Working Process**)

1 제일 위쪽 칸막이를 빼낸다.

상자 제일 위쪽 칸막이를 빼냅니다.

2 나무판 옆면에 양면테이프를 붙인다.

준비해둔 나무판 옆면(좁은 면)에 양면테이프를 붙입니다. 나무판 밖으로 튀어나온 양면테이프는 커터로 잘라냅니다.

3 칸막이 끝부분에 나무판을 붙인다.

떼어낸 칸막이 끝에 양면테이프를 붙인 나무판을 붙입니다. 칸막이를 끼울 수 있도록 잘린 부분 반대쪽에 붙입니다.

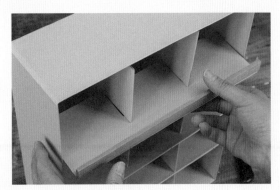

4 칸막이를 상자에 다시 끼운다.

나무판을 붙인 칸막이를 상자에 다시 끼웁니다. 같은 방법으로 나머지 칸막이에도 나무판을 붙입니다.

여기까지 약 **5**분 소요

5 상자를 꾸민다.

칸막이 나무판에 숫자나 이름을 적습니다.

Item No. 021

철사로 고정만 해도 완성되는
철망 잡지 정리함

주방에서 흔히 사용하는 철망 2장을
철사로 고정하는 것만으로 잡지 정리함을 만들 수 있습니다.
철망을 고리에 걸어 사용해보세요.

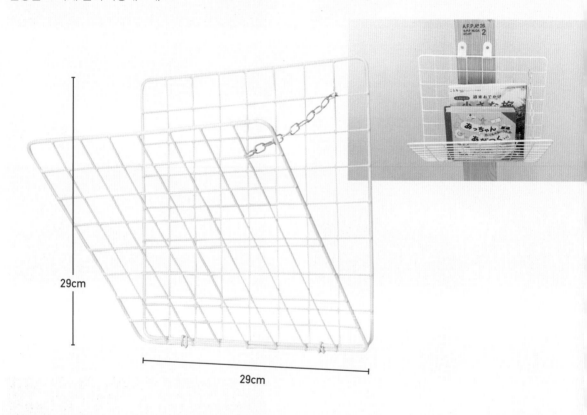

29cm

29cm

[준비물]

도구

롱노우즈 펜치
아크릴 스프레이(흰색)

가로 29cm × 세로 29cm의 철망 2장

철사

약 30cm 길이의 체인과 철망용 고리

Arrange Point

**철망 구멍을
효과적으로
활용하는 방법**

철망은 철사를 망 형태로
만든 물건이라 구멍이 많
으니, 벽에 있는 고리나 못
에 걸어서 사용해보세요.

(Working Process)

1 체인을 하얗게 칠한다.

아크릴 스프레이를 사용하여 체인을 철망과 같은 색인 흰색으로 칠합니다. 이때, 스프레이가 바닥에 묻지 않도록 신문지를 깔고 작업합니다.

2 철사를 10cm로 자른다.

롱노우즈 펜치로 철사를 10cm 길이로 2개 잘라줍니다. 철사를 롱노우즈 펜치 가장 안쪽까지 넣으면 자르기 쉽습니다.

3 철망을 연결한다.

철망 바깥쪽에서 2번째 구멍에 2의 철사를 감아 철망을 연결합니다. 두 바퀴 정도 감아주고 남은 부분은 롱노우즈 펜치로 자릅니다. 반대쪽도 똑같은 방법으로 연결합니다.

4 체인 끝쪽 고리를 벌린다.

체인 끝쪽 고리를 롱노우즈 펜치로 잡고 벌립니다. 이때, 다른 펜치로 고리를 잡아주면 쉽게 벌릴 수 있습니다. 반대쪽 고리도 똑같이 벌립니다.

5 철망에 체인을 단다.

3에서 연결한 부분의 반대 끝에 있는 철사가 교차한 부분에 4에서 벌렸던 체인 고리를 건 후, 다시 조여줍니다.

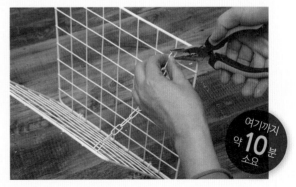

여기까지
약 **10**분
소요

6 반대쪽 철망에도 체인을 단다.

5와 같이 반대쪽 철망에도 체인 반대쪽 고리를 걸어 롱노우즈 펜치로 조이면 완성! 철망용 고리에 철망 구멍을 걸어서 사용합니다.

Item No. 022

손잡이가 있어서 옮기기 편한
이동식 리모컨 정리함

리모컨 정리함은 보통 테이블 위에 올려놓고 쓰지만,
손잡이를 달면 편하게 옮길 수 있습니다.
식사하거나 차를 마실 때 등 이동할 때마다 곁에 둘 수 있습니다.

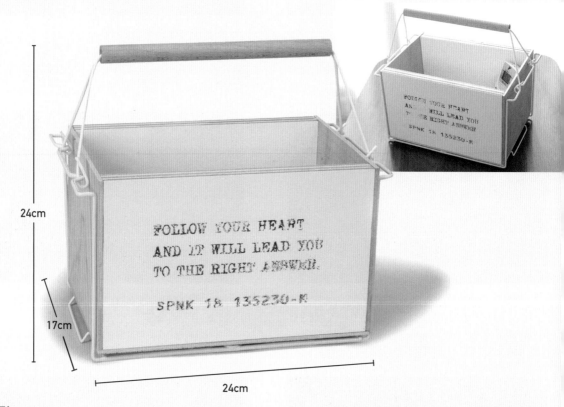

24cm

17cm

24cm

[준비물]

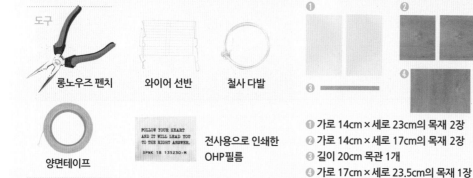

도구

롱노우즈 펜치

와이어 선반

철사 다발

양면테이프

POLLOW YOUR HEART
AND IT WILL LEAD YOU
TO THE RIGHT ANSWER.
SPNK 18 135230-M

전사용으로 인쇄한
OHP필름

❶ 가로 14cm × 세로 23cm의 목재 2장
❷ 가로 14cm × 세로 17cm의 목재 2장
❸ 길이 20cm 목관 1개
❹ 가로 17cm × 세로 23.5cm의 목재 1장

(Working Process)

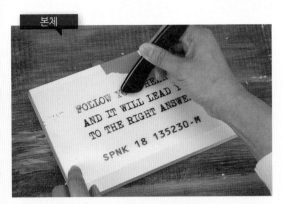

1 OHP필름을 문질러 글씨를 전사한다.

OHP필름을 ①번 나무판에 올려서 딱딱한 물건으로 세게 문질러 글씨를 전사합니다. 문지를 때 OHP필름이 어긋나지 않도록 마스킹테이프로 임시 고정해줍니다.

2 나무판을 양면테이프로 고정한다.

①번 나무판 옆면에 양면테이프를 이용해 ②번 나무판(2개 모두)을 붙입니다. 양면테이프가 접착될 때까지 손으로 꽉 눌러줍니다.

3 양면테이프로 바닥판을 붙인다.

ㅁ자 모양으로 조립한 판 옆면에 양면테이프를 붙여 ④번 바닥판을 붙입니다. 전사한 문자가 거꾸로 되어 있는지 확인한 후 붙입니다.

4 목관에 철사를 통과시킨다.

50cm로 자른 철사 2개를 목관 구멍에 통과시킵니다. 목관을 따라 튀어나온 철사 양끝이 15cm가 되도록 롱노우즈 펜치로 잘라줍니다.

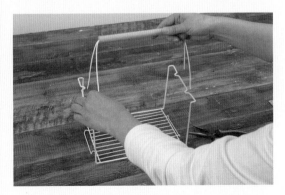

5 고정할 수 있도록 철사를 준비한다.

철사 양끝을 八자 모양으로 넓혀서 와이어 선반에서 오목하게 들어간 부분에 걸 수 있도록 준비합니다.

여기까지 약 **8**분 소요

6 철사를 와이어 선반에 고정한다.

철사 끝을 ㄷ자로 휘어서 와이어 선반의 오목하게 들어간 부분에 건 후, 펜치로 남은 부분을 자릅니다. 이 안에 만들어둔 나무상자를 넣으면 완성!

Item No. 023

베니어합판에 다리만 달면 사용 가능한
조립 책상

책상처럼 큰 물건은 직접 만들기 힘들다고 생각할 수도 있지만,
베니어합판에 다리만 달면 만들 수 있습니다.
그럼 바로 만들어볼까요?

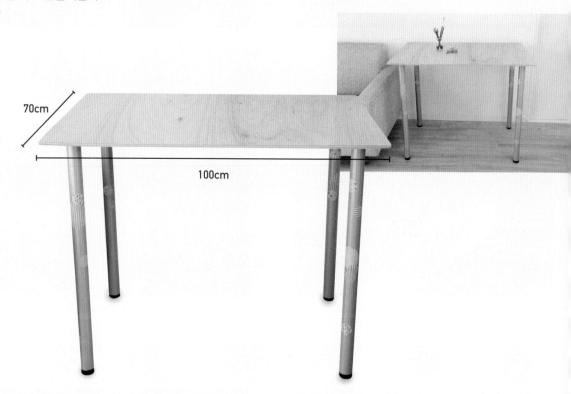

70cm

100cm

[준비물]

도구

마스킹테이프

드라이버

가로 100cm × 세로 70cm의 베니어합판

75cm 금속제 다리와
고정판 4개 세트

• 다리는 가구점이나 DIY 전문점에서
판매하며, 고정판과 세트로 판매하
는 경우가 많습니다.

Arrange Point

**탈부착형이라
수납하기 편해요!**

다리는 탈부착형이라 언제
든지 떼어낼 수 있어서, 손
님 접대용 테이블로 사용
하기에도 좋습니다.

(Working Process)

1 고정판을 붙일 위치를 표시한다.
베니어합판 코너 네 곳에 표시합니다. 고정판 크기에 따라 달라지지만, 이 책에서는 2cm 떨어진 위치에 표시했습니다.

2 고정판을 올려놓는다.
표시한 안쪽 선에 맞춰서 고정판을 올려놓습니다. 나머지 코너에도 똑같이 고정판을 올려줍니다.

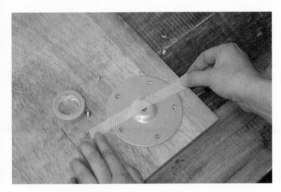

3 테이프로 임시 고정한다.
올려둔 고정판이 움직이지 않도록 4개 고정판에 테이프를 붙여 임시 고정해둡니다.

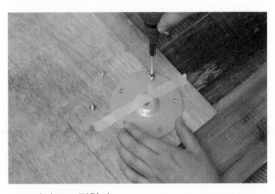

4 나사로 고정한다.
고정판 구멍에 나사를 박아 드라이버로 고정합니다. 더 이상 조여지지 않을 때까지 조입니다.

5 고정판에 다리를 단다.
고정판 한가운데 구멍에 다리를 장착합니다. 다리 끝부분이 나사로 되어 있어서 돌려서 고정하기만 하면 됩니다. 나머지 다리 3개도 똑같이 달아줍니다.

여기까지 약 **10**분 소요

6 다리를 장식한다.
마지막으로 마스킹테이프를 붙여 꾸밉니다. 시중에서 판매하는 것도 좋고, 직접 만든 스티커(만드는 방법은 P.41에서 확인)를 붙여도 좋습니다!

1 ▶ 4

마무리
특집 DIY 기초 해설

커터 사용법이나 나사를 조이는 방법을
제대로 배운 사람은 아마 별로 없을 것입
니다. 대부분 생활 속에서 도구 사용법을
자연스레 파악하는 정도입니다. 하지만
도구 사용법을 제대로 익혀두면 지금보
다 더 편하고 원활하게 작업할 수 있습니
다. 먼저 우리 주변에 있는 도구의 사용법
을 익혀봅시다.

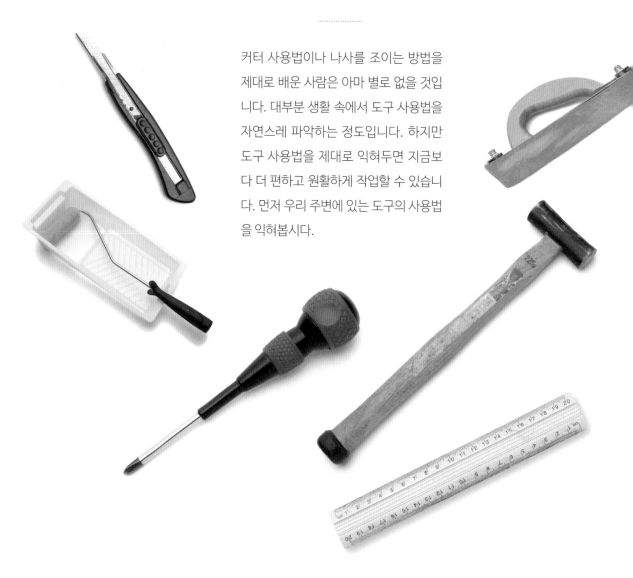

자 P.80

커터 P.81

펜치 P.81

망치 P.82

드라이버 P.82

수동 샌더(사포) P.83

도구 사용법

2 시트지 잘 붙이는 방법 P.84

3 느낌 있는 목재를 만드는 페인트 기술 P.86

4 알루미늄 페인트 기술 P.92

부록   용도에 맞게 선택하는 목재의 종류와 특징 P.93

HOW TO 1 도구 사용법

(자로 길이 재기)

1 자를 올려놓는다.
길이를 재고자 하는 물건 위에 자를 올려놓습니다. 길이를 정확하게 재기 위해서는 자가 어긋나지 않도록 손가락으로 양끝을 잘 고정합니다.

2 눈금 수치를 잘 확인한다.
수치를 잘 확인합니다. DIY에서는 미세한 수치까지 정확히 재야 하므로, 1mm 간격으로 수치가 적힌 투명한 자를 사용하면 좋습니다.

(자로 선 긋기)

1 표시를 한다.
선을 그으려는 부분을 살짝 표시합니다. 틀렸을 때 수정할 수 있도록 연필이나 샤프펜슬을 이용하는 것이 좋습니다.

2 선을 긋는다.
직선이 어긋나지 않도록 자를 댄 채로 선을 긋습니다.

One Point

재료를 자 대신에 쓸 수 있어요!

나무판에 종이 등을 붙일 경우, 해당 나무판을 자 대신에 사용하여 선을 그으면 길이를 따로 잴 필요가 없어서 편합니다. 자를 때도 같은 방법을 이용하면 됩니다.

이 책에서 사용하는 주요 도구의 사용법을 익혀봅시다.
도구를 능숙하게 사용하는 것도
10분 DIY를 가능하게 하는 첫 단계입니다.

(커터로 종이 자르기)   (펜치로 철사 자르기)

 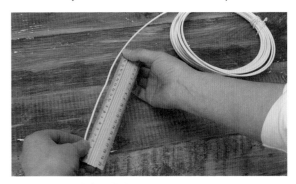

1 우선 선을 긋는다.
자르고 싶은 부분에 자를 대고 연필이나 샤프펜슬로 표시선을 그어줍니다.

1 필요한 길이를 잰다.
철사 끝을 자에 맞춰 필요한 길이를 잽니다.

 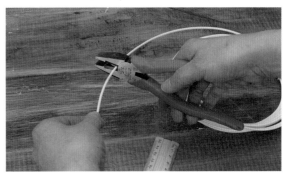

2 선을 따라 커터로 자른다.
자에 커터 날을 대고 그어둔 선을 따라 커터로 자릅니다. 미리 선으로 표시해두면, 어긋났을 때 바로 알 수 있어서 정확하게 자를 수 있습니다.

2 철사를 펜치 안쪽까지 넣는다.
펜치는 바깥쪽 끝부분이 집게용, 안쪽 부분이 절단용으로 만들어져 있으니, 철사를 펜치 안쪽까지 넣어줍니다.

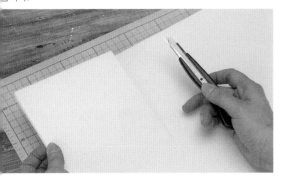 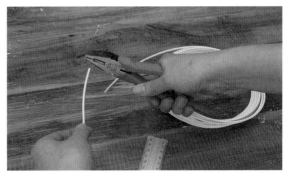

3 제대로 잘렸는지 확인한다.
마지막으로 제대로 잘렸는지 확인합니다. 잘리지 않은 부분이 있으면, 다시 커터를 살짝 대고 제대로 잘라줍니다.

3 손잡이 부분을 강하게 쥐어서 자른다.
손잡이 부분을 강하게 쥐어서 철사를 자릅니다. 딱딱해서 잘 잘리지 않을 때는 손을 쥐었다 펴기를 몇 번 반복해주면 됩니다.

HOW TO 1 도구 사용법

(망치로 못 박기)

1 **못을 박을 위치를 표시한다.**
못을 박으려는 위치에 연필이나 샤프펜슬로 표시합니다.

2 **엄지와 검지로 못을 고정한다.**
표시한 곳에 못을 세워 엄지와 검지로 잘 고정합니다. 망치의 평평한 부분으로 가볍게 조금씩 두드려줍니다.

3 **힘을 실어 두드린다.**
손으로 잡기 힘들 때까지 못을 박은 후, 힘을 실어 두드립니다. 망치 손잡이를 멀리 잡으면 강하게 두드릴 수 있고, 가깝게 잡으면 목표물을 정확하게 칠 수 있습니다.

(드라이버로 나사 조이기)

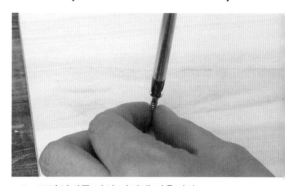

1 **드라이버를 나사 머리에 끼웁니다.**
나사 머리에 드라이버 끝부분을 잘 맞춰 끼웁니다. 드라이버와 나사 머리가 어긋나 있으면 나사가 잘 돌지 않으니 주의해서 잘 끼워줍니다.

2 **드라이버를 시계 방향으로 돌린다.**
나사는 시계 방향으로 돌리면 잠기고, 반대 방향으로 돌리면 풀어집니다. 만약에 나사가 기울어지게 박혔다면, 나사를 풀어서 손가락으로 받친 후 다시 조이면 곧게 박을 수 있습니다.

One Point

손잡이가 둥근 드라이버를 잡는 방법

손잡이가 둥근 드라이버를 사용할 때는 둥근 부분을 손바닥으로 감싸듯이 잡습니다. 사진처럼 손끝으로만 잡으면 힘이 실리지 않아 나사를 조이기 힘듭니다.

(X)

(수동 샌더로 갈기)

1 수동 샌더에 사포를 끼운다.
시중에서 판매하는 사포를 수동 샌더 길이에 맞춰 끼웁니다.

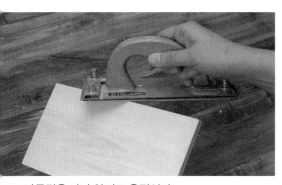

2 나뭇결을 따라 앞뒤로 움직인다.
목재 나뭇결을 따라 앞뒤로 움직여줍니다. 보통 아래 방향으로
움직일 때 힘이 많이 들어가는데, 힘을 많이 주지 않아도 충분히 연마
할 수 있습니다.

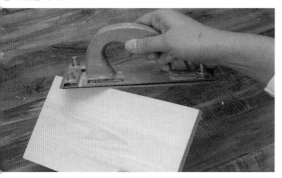

3 모서리를 다듬을 때는 힘 조절에 주의한다.
모서리를 다듬을 때 힘을 너무 많이 주면, 오히려 사포 자체에 흠
집이 생길 수 있습니다. 가능한 한 부드럽게 연마할 수 있도록 주의해
서 갈아줍니다.

One Point

사포를 끼우는 방법

1 사포를 수동 샌더 하단에 맞게 자른다.
사포에 수동 샌더를 얹어서 한쪽 끝을 맞춘 후, 반대
쪽에 튀어나온 사포는 가위로 잘라줍니다.

2 위아래에 튀어나온 사포는 그대로 둔다.
옆면에 튀어나온 사포는 잘라주지만, 판 위아래로
튀어나온 사포는 그대로 둡니다.

3 사포를 고정판에 끼웁니다.
위아래에 남은 사포를 판에 맞게 접어서 수동 샌더
의 집게에 끼웁니다. 사포에 흠집이 생기거나 사포가 전
체적으로 마모되면 같은 방식으로 바꿔 끼웁니다.

HOW TO 2 시트지 잘 붙이는 방법

[준비물]

도구

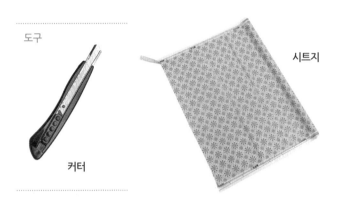

커터

시트지

목재(MDF)

1 시트지를 나무판 세로 길이에 맞춰 자른다.
시트지를 붙일 나무판 아래에 시트지를 깔고, 커터로 잘라줍니다.

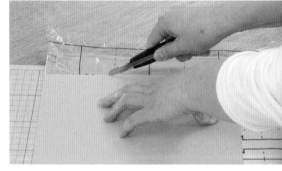

2 시트지를 나무판 가로 길이에 맞춰 자른다.
시트지와 나무판을 가로 길이에 맞춰서 1과 같이 시트지를 커터로 잘라줍니다. 총 네 면에 맞춰 잘라 시트지를 나무판과 똑같은 크기로 만들어줍니다.

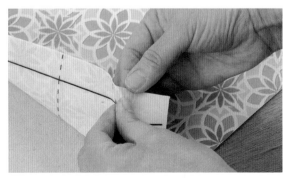

3 필름을 떼어낸다.
시트지 뒷면에 붙어 있는 필름을 끝에서부터 조심스럽게 떼어냅니다.

4 15cm 정도만 떼어낸다.
필름을 다 떼어내면 균일하게 붙이기 힘들 수 있으니, 먼저 끝에서 15cm 정도만 떼어냅니다.

일반적인 벽지를 붙일 때 가장 힘든 작업이 바로 풀 바르기입니다. 균일하게 바르기 쉽지 않고,
번거로운데, 최근에는 벽지 자체에 접착 필름이 붙어 있는 시트지를 판매하고 있습니다.
좋아하는 문양을 선택한 후 시트지 붙이기를 익혀봅시다.

5 나무판에 시트지를 붙인다.
나무판 끝부터 시트지를 붙여줍니다. 시트지와 나무판이 어긋나
지 않도록 위아래 끝부분을 잘 맞추는 것이 가장 중요합니다.

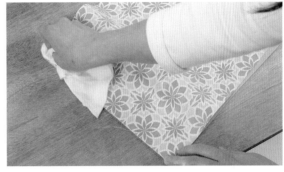

6 낡은 천으로 문지른다.
낡은 천으로 끝에서부터 천천히 문질러줍니다. 시트지에 공기가
들어가지 않도록 깔끔하게 붙여나갑니다.

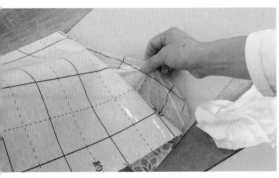

7 필름을 잡는다.
아까 떼어냈던 필름의 나머지 부분을 잡아 바로 떼어낼 준비를
해줍니다.

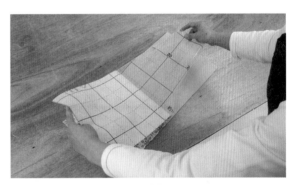

8 남은 필름 부분도 떼어낸다.
남은 필름 부분도 떼어냅니다. 아까 붙인 끝부분이 잘 붙어 있다
면, 한 번에 붙일 수 있으니 다 떼어냅니다.

9 낡은 천으로 문지르며 붙인다.
오른손으로 아직 덜 붙은 시트지를 잡고 왼손으로 시트지를 낡은
천으로 문지르며 붙입니다.

10 깔끔하게 붙었는지 확인한다.
시트지가 들뜬 부분은 없는지 확인합니다. 들뜬 부분이 있다
면 천으로 다시 문질러주면서 잘 붙도록 수정합니다. 빈틈없이 잘 붙었
다면 완성!

HOW TO 3 느낌 있는 목재를 만드는 페인트 기술

칠하는 방법에 따라 이렇게 차이가 납니다!

나무 본연의 매력 살리기

얼룩지게 칠하기

고풍스러운 느낌으로 연출하기

낡은 느낌 내기

스펀지로 특별한 느낌 내기

[준비물]

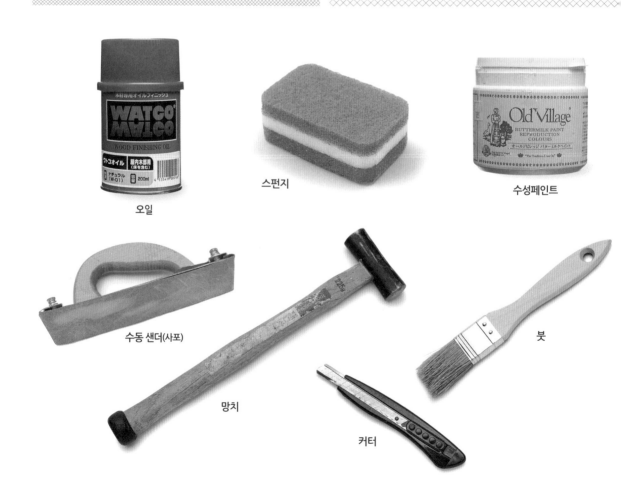

오일

스펀지

수성페인트

수동 샌더(사포)

망치

커터

붓

칠하는 방법을 조금씩 바꾸는 것만으로도
하나의 목재로 다양한 분위기를 낼 수 있습니다.
먼저 5가지 기본 패턴을 익혀봅니다.

(**나무 본연의 매력 살리기**)

오일을 바르면 나무 본연의
매력을 살릴 수 있습니다.

1 오일을 종이컵에 따른다.
대략 붓끝이 닿을 정도로 종이컵에 오일을 따릅니다.

2 붓에 오일을 묻혀 바른다.
붓에 오일을 묻혀서 나뭇결을 따라 전체에 바른 후, 나무판에 오일이 스며들게 합니다.

3 나무판 전체에 빈틈없이 바른다.
덜 발린 곳이 없도록 빈틈없이 오일을 바르고, 그대로 15~20분 정도 말립니다.

4 흡수되지 않은 기름기를 닦아낸다.
오일이 마르면, 나무판에 흡수되지 않은 기름기를 낡은 천으로 닦아냅니다.

5 나무 본연의 아름다움이 살아나면 완성!
오일을 바르는 것만으로도 나무 본연의 매력이 살아납니다.

HOW TO 3 느낌 있는 목재를 만드는 페인트 기술

(낡아 보이도록 얼룩지게 칠하기)

나무 표면에
일부러 흠집을 내서
얼룩진 것처럼
연출할 수 있습니다.

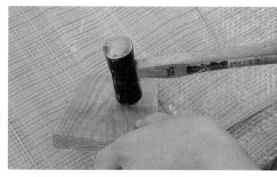

1 망치로 낡아 보이도록 만들어준다.
나무판 표면을 망치로 직접 두드려, 나무판에 파인 자국이나 흠집을 만듭니다.

2 모서리와 옆면도 두드린다.
모서리와 옆면도 똑같이 두드려서 나무판이 울퉁불퉁해지게 만듭니다.

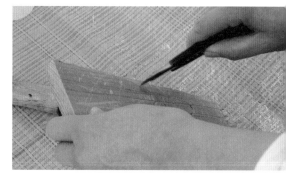

3 커터로 흠집을 낸다.
다음으로 커터로 나무판에 흠집을 내줍니다. 쓱 하고 가볍게 긁어주는 정도로 흠집을 내면 됩니다.

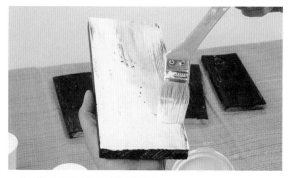

4 흠집 위에 페인트를 칠한다.
오일을 바르고 말린 나무판에 붓으로 페인트를 칠합니다. 이때, 나뭇결을 따라 바릅니다.

5 나무판에 사포나 못으로 흠집을 낸다.
나무판 전체에 페인트를 칠하고 나면, 나무판 표면을 사포로 갈거나 못으로 흠집을 냅니다.

(고풍스러운 느낌으로 연출하기)

새 나무판도
오랜 세월 사용한 듯
고풍스러운 느낌으로
연출할 수 있습니다.

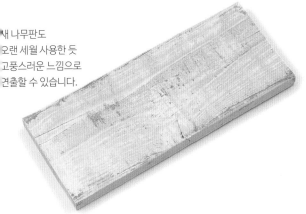

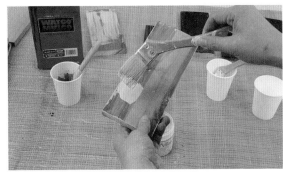

1 나무판에 크림색 페인트를 가볍게 칠한다.
붓에 크림색 페인트를 묻혀서 나무판 전체에 가볍게 대충 칠합니다. 덜 발린 부분이 있어야 나무판을 느낌 있게 연출할 수 있습니다.

2 표면을 붓끝만 닿는다는 느낌으로 칠한다.
페인트가 다 마르면, 나무판 표면에 붓끝만 닿는다는 느낌으로 살짝 페인트를 칠해줍니다.

3 붓을 낡은 천에 닦아내서 붓끝을 뻣뻣하게 만든다.
다른 붓에 하얀 페인트를 묻힌 후, 붓끝이 뻣뻣해질 때까지 낡은 천으로 닦아냅니다.

4 뻣뻣해진 붓끝으로 가볍게 대준다.
붓끝이 뻣뻣해지면 나무판 옆면에 붓을 대줍니다.

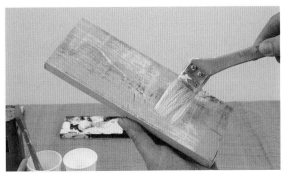

5 나무판 측면에서부터 빗질하듯이 가볍게 칠한다.
나무판에 붓끝만 닿는다는 느낌으로 나뭇결의 반대 방향으로 칠합니다.

HOW TO 3 느낌 있는 목재를 만드는 페인트 기술

(몇 종류의 페인트로 낡은 느낌 내기)

색을 조합하여
오래 사용한 듯이 낡아 보이게
연출할 수 있습니다.

Caution!

오일을 닦아낸 천은 발화 위험이 있습니다!

스며들지 않은 여분의 오일을 닦아낸 천을 그 대로 버리면 발화 위험이 있습니다. 물로 한 번 씻어내는 등 반드시 오일기를 없앤 후 버리 세요.

1 낡아 보이게 흠집을 낸 나무판에 오일을 바른다.
망치나 커터로 흠집을 낸 나무판에 오일을 바릅니다. 그대로
15~20분 정도 말립니다.

2 붓을 눕혀서 페인트를 칠한다.
붓에 하얀 페인트를 듬뿍 묻힙니다. 붓을 눕혀서 옆면을 누르듯
이 페인트를 칠합니다.

3 듬성듬성 페인트를 칠한다.
2와 같은 방법으로 나무판 전체에 페인트를 칠하되, 이때 발리지
않은 부분은 신경 쓰지 말고 듬성듬성 칠합니다.

4 다른 색과 함께 조합한다.
버터밀크 등 다른 페인트 색을 칠하면, 더욱 느낌 있게 연출할 수
있습니다.

(**스펀지로 특별한 느낌 내기**)

스펀지를 이용하여
나무판 표면에
가랑눈이 쌓인 것처럼
연출할 수 있습니다.

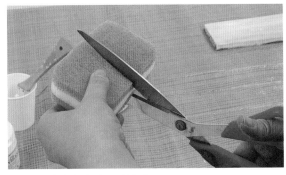

1 스펀지를 가위로 자른다.
집에 있는 스펀지를 손바닥 크기로 자릅니다.

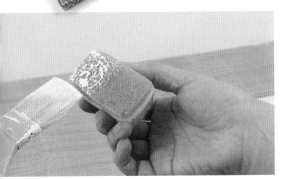

2 스펀지에 페인트를 묻힌다.
스펀지 표면에 붓으로 페인트를 바릅니다. 페인트양은 붓으로
1~2번 칠할 수 있는 정도면 됩니다.

3 스펀지로 나무판에 페인트를 묻힌다.
오일을 바른 나무판 위에 페인트를 묻힌 스펀지를 도장 찍듯이
찍어줍니다.

4 스펀지가 마르면 다시 페인트를 묻힌다.
페인트가 잘 찍히지 않으면, 스펀지에 다시 페인트를 바릅니다.

5 골고루 페인트를 묻힌다.
나무판 전체에 페인트를 묻히면, 가랑눈이 쌓인 것 같은 나무판
으로 연출할 수 있습니다.

HOW TO

4 알루미늄 페인트 기술

알루미늄 등의 금속은 칠을 해도
잘 벗겨져서 바르기 쉽지 않습니다.
알루미늄을 손쉽게 칠할 수 있는 간단한 기술을 소개합니다.

[준비물]

프라이머
(목재나 금속용 밑칠 페인트)

붓 장착형 수성페인트

알루미늄 깔때기

1 깔때기에 프라이머를 분사한다.

깔때기 전체에 프라이머를 뿌린 후, 그대로 20~30분 정도 말립
니다.

유광이 마음에 들지 않을 때는
무광 페인트로 칠하세요.

2 페인트를 칠한다.

프라이머가 마르면, 그 위에 수성페인트를 칠합니다. 프라이머
가 밑바탕에 코팅되어 페인트를 손쉽게 칠할 수 있습니다.

Point

칠하기 전에
프라이머를 뿌려주세요.

알루미늄에 수성페인트를 바로 칠하면 도료가
겉돌게 됩니다. 페인트를 칠하기 전에 프라이
머를 뿌리면, 표면이 얇게 코팅되어 페인트를
깔끔하게 칠할 수 있습니다.

\ 용도에 맞게 선택하는 /

이 책에 나오는

목재의 종류와 특징

DIY에서 중요한 목재 고르기.
목재는 제각기 다른 특징이 있습니다.
용도에 맞게 목재를 고르면,
소품을 더욱 사용하기 편리하게 만들 수 있습니다.
먼저, 특히 사용 빈도가 높은 목재의 특징을 알아봅니다.

SPF 목재
약간 잘 틀어지는 목재이긴 하지만, 가볍고 부드러워 가공하기 쉬우며, 저렴하게 구매할 수 있다. Spruce(가문비나무), Pine(소나무), Fir(전나무)의 약자이다.

집성목
목재를 이어 붙여 접착한 인공 목재. 틀어짐이나 균열에 강하다.

베니어합판
목재를 얇게 자른 나무판을 여러 겹 접착한 목재. 가공하기 쉽다.

삼나무
부드러워 가공하기 쉽고, 구하기 쉽다. 단열에 뛰어나다.

마치며

저는 도전을 좋아합니다. 시도해본 적이 없는 방법으로 소품을 만들어보거나, 사용해본 적 없는 소재로 무언가를 만들어보는 것을 좋아하죠. 그렇게 시도했을 때, 제가 상상했던 것보다 훨씬 좋은 소품이 만들어지면 춤을 추고 싶을 정도로 기분이 좋아집니다. 행여 실패하더라도 '아하! 이렇게 하면 망칠 수도 있구나' 하면서 또 다른 교훈을 얻곤 합니다. 실패를 두려워하면 아무것도 할 수 없습니다. 자신을 믿고, 만드는 작업 자체를 즐기는 것이 가장 중요합니다.

여러분께 마지막으로 제안을 하겠습니다. 만드는 도중에 '아, 이렇게 해보면 어떨까?' '이 소재를 써보면 어떨까?'라는 생각이 떠오르면 그 직감을 믿고 시도해보세요. 책에서 제안하는 방법을 따라 해도 좋고, 따라 하지 않아도 괜찮습니다. 가장 중요한 것은 나만의 스타일로 재미있는 소품을 만드는 일입니다.

마쓰모토 씨가 애용하는 DIY 도구가 가득 들어찬 창고.

만드는 방법은 한 가지만 있는 것이 아닙니다.

나한테 편한 방법을 찾다보면, 작업이 점점 즐거워집니다!

시행착오를 즐기다보면, 어느 틈엔가 DIY 실력도 늘어나 있고요!

옮긴이 | 전지혜

가천대학교 실내건축학과를 졸업한 후 한국표준과학연구원 등에서 다년간 번역을 해왔다.
현재 엔터스코리아 일본어 번역가로 활동 중이다.

PUCHI PURA 10PUN DIY

ⓒ MATSUMOTO ERI 2017

Originally published in Japan in 2017 by EI Publishing Co.,Ltd., TOKYO,
Korean translation rights arranged with EI Publishing Co.,Ltd., TOKYO,
through TOHAN CORPORATION, TOKYO, and EntersKorea Co.,Ltd., SEOUL.

10분 만에 집 분위기 바꾸는

인테리어 소품 만들기

초판 1쇄 인쇄 2019년 6월 22일
초판 1쇄 발행 2019년 7월 2일

감수 마쓰모토 에리
옮긴이 전지혜

펴낸이 김찬희
펴낸곳 끌리는스타일

출판등록 신고번호 제25100-2011-000073호
주소 서울시 구로구 디지털로31길 20 1005호
전화 영업부 (02)335-6936 편집부 (02)2060-5821

이메일 happybookpub@gmail.com
페이스북 www.facebook.com/happybookpub
블로그 blog.naver.com/happybookpub
포스트 post.naver.com/happybookpub
스토어 smartstore.naver.com/happybookpub

ISBN 979-11-966748-1-6 13590
값 14,800원